安全の国際規格　1

安全設計の基本概念

ISO/IEC Guide 51
(JIS Z 8051)

ISO 12100
(JIS B 9700)

向殿　政男　監修
宮崎　浩一，向殿　政男　共著

日本規格協会

本書で紹介している規格は，2007年本書発行時点のものであり，改訂されている場合があることに留意されたい．

　参考情報として巻末に，表題規格の変更点・改訂の概要を付した（2020年9月時点）．

JISの引用について

　本文中，☐ 枠内は，各枠右上部に示した国際規格に対応したJISを引用したものである．

　引用に際して，備考等を省略した箇所もあるため，正確には，各規格票を参照されたい．

監修の言葉

社会を豊かにし，人間を幸せにすることを目的に工学や技術は発展し，多くの機械類（機械，設備，装置，システム等）が開発されてきた．しかし，一方で，機械類に起因する事故により，毎年，多くの死傷者が出ている．これらの不幸をいかに防ぐか，すなわち，機械類の"安全"をいかに確保するかは，いつの時代でも，特にこれからの高度技術化社会では，極めて重要な課題である．安全を確保するためには，一般に，人間の注意（利用者や作業者が安全に注意をする），機械設備（安全な機械類を設計・製造する），及び仕組み（マネジメントシステムや社会制度でこれらを維持する）の三つの組み合わせによる．我が国はこれまでどちらかというと，安全は，現場の優秀な作業者等に依存して，人間の注意により確保されてきたきらいがあった．しかし，人間はいつか間違えるものである．人間に任せる安全は，世界的には，もう通用しない．安全は，人間の注意の前に，まず技術で実現されるべきもの，すなわち機械設備で設計の段階から安全は組み込まれなければならないもの，それがグローバルスタンダードの考え方である．

　本書は，機械類の安全設計では世界の常識になりつつある現在の"安全の国際規格"について，3巻にわたって詳しく述べたものである．第1巻では，ISO/IEC Guide 51（JIS Z 8051）及び ISO 12100（JIS B 9700）第一部に従い，"安全設計の基本概念"について紹介している．ここでの内容は，何を以って安全とするか，から始まり，リスクアセスメントをはじめとした安全設計の基本的な考え方が記述されている．機械類だけでなく，あらゆる分野の安全に関しても適用可能なものである．第2巻は，ISO 12100（JIS B 9700）第二部に従い，本質的安全設計を中心に，"機械安全"における設計の本質を詳細に紹介している．第3巻は，ISO 13849-1（JIS B 9705-1）及び IEC 60204-1（JIS B 9960-1）に従い，電気・電子を用いた安全装置等の"制御シ

ステムの安全"に関する設計技術ついて紹介をしている．特に，コンピュータや情報システムを用いて安全を確保する，今後，重要となるはずである機能安全（IEC 61508）についても，その本質を簡潔に解説している．

安全の国際規格についての本格的な解説は，我が国においては本書が最初であると思われる．本書が，我が国の今後の機械安全を中心とした各分野の安全に少しでも貢献できれば，監修者としての望外の喜びである．

2007 年 4 月

向殿　政男
（明治大学理工学部　学部長／教授）

執筆者名簿

監修　向殿　政男（明治大学理工学部情報科学科教授，理工学部長）

執筆　宮崎　浩一〔明治大学大学院理工学研究科博士後期修了［博士（学術）］〕
　　　向殿　政男

目　次

監修の言葉

第1章　国際的な安全規格の体系
　1.1　労働安全にかかわる法律と安全規格 …………………………………… 9
　1.2　ISO/IEC 国際規格の誕生と WTO/TBT 協定 ………………………… 15
　1.3　国際安全規格の特徴と ISO/IEC Guide 51 …………………………… 18

第2章　ISO/IEC Guide 51 の精神
　2.1　ISO/IEC Guide 51 とは？ ……………………………………………… 21
　　2.1.1　"1. 適用範囲" ……………………………………………………… 23
　　2.1.2　"2. 引用規格" ……………………………………………………… 23
　　2.1.3　"3. 定義" …………………………………………………………… 24
　　2.1.4　"4. "安全" 及び "安全な" という用語の使用" ………………… 24
　　2.1.5　"5. 安全という概念" ……………………………………………… 24
　　2.1.6　"6. 許容可能なリスクの達成" …………………………………… 27
　　2.1.7　"7. 規格における安全側面" ……………………………………… 27
　　2.1.8　ISO 12100 と ISO 14121 ………………………………………… 28
　2.2　"安全" という概念 …………………………………………………… 29
　　2.2.1　リスクと便益について …………………………………………… 35
　　2.2.2　安全を考えるうえで必要な要件 ………………………………… 37
　　2.2.3　信頼性と安全性 …………………………………………………… 40
　2.3　リスクマネジメントとリスクアセスメント ………………………… 45
　2.4　リスクアセスメントとリスク低減方策（保護方策） ……………… 49
　　2.4.1　機械安全規格で規定されるリスクアセスメント ……………… 52
　　2.4.2　リスクの低減 ……………………………………………………… 80

第3章　ISO 12100 機械類の安全な設計

- 3.1　ISO 12100 の制定 …………………………………………………… 87
  - 3.1.1　ISO 12100-1, -2 を開発した組織 ………………………… 88
- 3.2　ISO 12100 の概要 …………………………………………………… 89
  - 3.2.1　適用範囲について（ISO 12100-1, -2）………………… 92
  - 3.2.2　引用規格について（ISO 12100-1, -2）………………… 93
  - 3.2.3　用語及び定義（ISO 12100-1, -2）……………………… 97
  - 3.2.4　機械類の設計時に考慮すべき危険源 …………………… 100
  - 3.2.5　リスク低減のための方法論―リスクアセスメントと3ステップメソッド（ISO 12100-1）……………………………… 103
- 3.3　ISO における主な審議内容について ……………………………… 108

第4章　IEC 61508 制御システムの安全な設計

- 4.1　IEC 61508 とは ……………………………………………………… 111
- 4.2　全体の構成 …………………………………………………………… 113
- 4.3　その他重要事項 ……………………………………………………… 117

第5章　日本の機械安全にかかわる規制

- 5.1　労働安全衛生法における製造者等への規制 ……………………… 119
- 5.2　機械の包括的な安全基準に関する指針と労働安全衛生法の改正 …… 121

付録1　ISO/TC 199 の担当する規格一覧 ………………………………… 125
付録2　IEC/TC 44 の担当する規格一覧 ………………………………… 131
付録3　厚生労働省"機械の包括的な安全基準に関する指針"………… 134
付録4　ISO 14121 附属書Aで示される危険源,危険状態,危険事象の例 … 150

《コラム1》ローベンス報告　　　14
《コラム2》不可解な図　　　77
《コラム3》社会のある時点での評価？　　　80

第1章 国際的な安全規格の体系

1.1 労働安全にかかわる法律と安全規格

わが国における労働安全衛生に関する法律は，1911年に全25条からなる工場法が公布され，1916年に施行されたことに始まる．その後，1947年に"労働基準法"，"労働安全衛生規則"が制定され，1972年に"労働安全衛生法"が制定される．その後，数回の改定を行い現在に至る．日本における労働安全衛生法は，主に事業者を対象とした法律であり，機械の供給者としての製品への安全要求は，特に危険な機械を指定し，規制されるものの，その他の機械に対しては，努力義務としての規定がなされるのみで，強制力を伴うものではなく，機械製造メーカ等の機械供給者側への安全要求は弱いものとなっている．ただし，最近では，供給者側への通達として2001年に労働基準局より"機械の包括的な安全基準に関する指針"が出されるとともに，2006年に労働安全衛生法が改定されてリスクアセスメントが努力義務として導入されたために，供給者側への安全要求も増えつつある．

一方，欧州，特に英国では，労働安全衛生に関係する法律は，その歴史はかなり古く，1802年に制定された"健康と福祉に関する雇用法1802，子どもの従業員の健康と道徳（The health and morals of Apprentices Act 1802）"にその起源をたどるといわれている．この法律は，当時，雇用していた子どもの健康を守るために制定されたものであり，その内容は，主に工場における労働条件の改善に焦点が当てられたものであった．例えば，子どもの労働時間は1日12時間までにする，換気することができるように工場には窓をつける，床と壁は清潔にする，一つのベッドに二人以上寝かせないなどの内容である．また，1833年に制定された工場法（The factory Act empowering government to employ paid factory inspectors）は，繊維・織物工場にのみ適用されるもので，健康と福祉のみを取り扱い，安全については適用外であった．これら二つの法律は，健康と福祉に関する規制であり，労働者の安全に関する規制には焦点が当てられたものではなかった．安全にかかわる規定を含んだ法律は，その後に制定された 1842 年の "The coal mines Act" と 1844 年の "The factories Act" に起源があると考えられる．

The factories Act は，次のことを要求している．

① 動いている機械を清掃してはならない
② 機械には，フェンスをつける
③ 事故があった場合，報告する

その後，これらの法律の改定や石炭採掘場，採石場における安全性を定めた法律などが出されているが，重大な分岐点となった規制は 1974 年の "Health and Safety at Work Act (HSWA)" である．この規制はあらゆる作業場を対象としたものであり，総合的な労働安全衛生の法律として制定されている．

次に，EU の状況はどのようになっているか，確認しておく．ご存じのとおり，EU は，その前身の EEC として 1958 年に欧州経済共同体が成立し，さまざまな市場統合策を推進している．そのなかで，統一欧州法（Single European Act: 1986 年）の次の二つの条項をもとに，事業者側の指令と供給者側の指令が発行されることとなる．

統一欧州法，条項 118A： 事業者側の指令の根拠となる条項．作業者の安全と健康に関して，作業環境の改善を促すことの必要性が規定される．

統一欧州法，条項 100A： 供給者側の指令の根拠となる条項．機械類の設計，製作に関して，安全と健康に関する技術基準と安全要求事項の整合化の必要性が規定される．

事業者側の指令として，労働安全衛生に関しては "労働安全衛生の改善を促進するための施策の導入に関する 1989 年 6 月 12 日理事会指令（89/391/EEC）" が発行されている．この指令は，包括的な内容で "枠組み指令" と呼

ばれ，作業リスクの防止，安全と衛生の確保，リスク要因の除去，労働者に対して特殊なリスクを伝達する要求の一般的原則の枠組みを規定している．このほか，個別指令として，"特定の労働者の保護"，"安全"，"さまざまな作業場所"，"物理的・化学的・生物学的因子"に関して，多くの指令が出されている．

　一方，供給者側の指令として，"ニューアプローチ指令"が発行されている．この指令は，1985年5月7日の欧州理事会による技術整合化と規格へのニューアプローチに関する決議に基づいて発行された一連の指令である．

　ニューアプローチ指令には，"機械指令"，"EMC指令"，"低電圧指令"，"医療機器指令"，"圧力容器指令"など，労働安全衛生関連指令と同様に多くの指令が発行されている．

　なお，EU加盟国には，これら事業者側の指令と，供給者側の指令を，国内法として採用することが要求されている．

　ここで，ニューアプローチ指令，その中でも特に"機械指令"を例にとり，EUの指令の特徴を説明する．この体系は，日本においても参考になると思われる多くの有益な内容を含んでいる．

　まず，ニューアプローチ指令の要点として，次の4点をあげることができる．

① 安全と健康に関する本質的要求事項を設定し，それをEU加盟国が国内法に採択する（法律上の整合化は基本的要求に限定される）．

② 技術的な規定は，EN整合規格（これに沿っていれば指令の基本的要求事項を満足しているとみなされる規格）の中で規定する．整合規格の適用は任意で，要求に合致する他の技術仕様の適用も可とする．

③ 検査及び認証制度を構築し，製品の本質的要求事項への適合性を認証する．検査及び認証は，民間の第三者機関が実施する．

④ 市場に流通している製品を監視するため，CEマーキング制度を構築する．CEマークの添付は，製造者自身が行う．

　上の4点の内容を具現する形で，ニューアプローチ指令の一つとして，"機

械指令"が 1989 年に発行されている．

　機械指令は，欧州域内でモノを自由流通させるために各国の基準を統一することを前提として，製品が具備すべき安全性を規定している法律であるが，この指令は，広範囲の機械製品を網羅し，製品の構造を規定するものではなく，具備すべき性能を安全要求事項として規定するものであり，具体的な技術上の規定は示されていない．この指令の要求事項を満たすためには同指令の整合規格に指定された欧州の統一規格である EN 規格＊を参照することとなる．機械安全に関する EN 規格としては，例えば，EN ISO 12100-1, -2（機械類の安全性―設計のための基本概念，一般原則）や EN 1050（機械類の安全性―リスクアセスメントの原則），あるいは EN 60204-1（機械類の安全性―機械の電気装置―第 1 部：一般要求事項），EN 418（機械類の安全性―非常停止装置，機械的側面―設計原則）などがある．これらの規格は，機械指令への適合の手段として開発されたものである（指令への適合に際しては，必ずしもこれらの規格を用いなくてもよいが，その場合には，適合していることを証明しなければならない．）．

　この指令の主なメリットとしては，次の 2 点がある．

a) 広範囲の機械を網羅

　　指令の対象として特定の機械を指定するのではなく，機械の定義を与えることにより広範囲の機械を網羅しているために，新規に市場に登場する機械も対象とすることができる．

b) 進歩する技術への即応

　　個別の技術ではなく満たすべき安全性能を規定しているために，時代とともに進歩する技術に従って指令自体を変更する必要がなく，適合手段としての規格を改訂すればよい．

　このように，EU では，包括的な規定を示す法律を基盤として制定し，その

＊　EN 規格（欧州規格）とは，CEN（欧州標準化委員会）などの欧州地域の標準化機関で制定される地域規格である．CEN のメンバー各国には，EN を自国の国家規格として採択する遵守義務があり，また，新しい EN を履行し，それと矛盾が生じる可能性がある自国の国家規格を廃止する義務がある．

法律への適合手段として技術規格が作成されている．機械指令と労働安全衛生指令を例に，それぞれの特徴をまとめた（**表1.1**参照）．

表1.1 機械指令と労働安全衛生関連指令の特徴（概略）

	機械指令	労働安全衛生関連指令
目的	・機械及びコンポーネントの安全な設計及び製作 ・貿易上の技術的障壁撤廃	・雇用 ・労使関係 ・社会問題
対象	専門目的及び非専門目的に使用する機械等の設計，製作／製造，市場出荷及び供用	作業場での製品／機器の使用
表現形式等	指令は，必須要求事項を規定．技術規定はEN規格（整合規格）による．	指令は，最小要求事項を規定．EN（整合規格）は設定されない．

このような法律と規格，またその関係は，前述した英国の"Health and Safety at Work Act (HSWA):1974"で既に成立しており，英国の法体系がEU指令のもとになったといわれている．

一方，ISO（国際標準化機構）やIEC（国際電気標準会議）などの国際標準化機関で作成される国際規格は，どのような性格のものであるかというと，ある法律や規制などがベースに作成されているわけではなく，モノの流通のために貿易障壁となる技術規定を排除し，共通のルールを作成しようとするものである．

このISO, IECなどの国際規格は，世界各国の英知を結集して作成するものであるが，実は，欧州のEN規格が，ISOやIEC規格の原案となっている例が多く，特に，機械類の安全性に関する多くの国際規格は，EN規格の影響を強く受けている．

次節では，欧州EN規格とISO, IEC国際規格，各国の国家規格の関係を，WTO/TBT協定などをベースにして説明する．

《コラム1》
ローベンス報告

前述のEU指令，またその基になったといわれる英国の"安全衛生法"に見られるような法律と規格，及びその関係は，英国のローベンス報告に起源を持つといわれている．ローベンス報告とは，1970年に設置されたローベンス卿を委員長とする委員会により取りまとめられ，1972年に英国雇用省に提出されたローベンス委員会報告"労働における安全と保健"のことである．この報告書では，1970年以前までの英国の労働安全衛生にかかわる法律の欠陥を指摘し，今後のあるべき姿についての勧告がなされた．

この報告書では，主に次の三つの欠点が指摘された．

第一に，当時の法規制の欠陥として，"あまりにも法律が多すぎること"が指摘された．当時，英国には，主要な九つの法規制群とそれらを支えるおよそ500の付随法令があり，これらにより法規制が形成されていたが，これらの法規制には，諸問題を取り扱うパターンが見られず，複雑で全体像を包括的に捉えることができなかった．このことは，実際に労働安全衛生にかかわる人に，受動的な規制の問題として受け止められるという結果を招いた．この点を転換するため，"労働災害や職業性疾患の現在の水準について何らかの処置・対応を行う第一義的な責任は，その危険を創り出している人たちやその危険とともに働く人に存する"とし，法規制のウェイトを減らし，自主規制を活性化すべきであるとした．

第二に，法規制が"本質的に不満足であること"が指摘された．法規制は，一度作られると修正や撤廃をすることが困難であり，あるものは技術的な細部にわたり規定してあるために技術の変化に対応できず，古い時代遅れの規定が生き続けていた．

第三に，"行政管轄の細分化"が指摘された．立法上・行政上の境界線で変則的事態や境界設定の問題が生じること，また管轄の細分化により，国家レベルで利用可能な専門技術や機関を区分ごとに管理しているため，多くの災害に共通に利用できる可能性のある専門知識や専門技術が効果的に収集・利用されていないことに言及した．

そして，今後のあるべき姿として，次の二点が勧告された．

① 法規制は，可能な限り，一つの包括的な法令の枠組みの下に統一され，単一の行政機関により運営されること［HSE (Health and Safety Executive, 健康安全局) 設置の根拠になった］．

② 新たな立法の形態は，法律で規定する範囲は本質的な事柄に制限し，技術変化に対応するために，詳細な技術規定は，英国規格や業界規格，実践コード (Code of practice) を利用する．

この考え方は，多くの国々に影響を与え，また，現在のEU指令にも体現されており，特に，指令と規格との関係は，ローベンス報告の影響を大きく受けている．

1.2 ISO/IEC 国際規格の誕生と WTO/TBT 協定

日本においては JIS（日本工業規格），米国においては ANSI，英国においては BS，ドイツにおいては DIN など，世界の国々はそれぞれ，自国の国家規格を持っている．国家規格は，それぞれの国情に従い，独自の規定内容を含んでいることは容易に想像できることであるが，細かい議論はさておき，現在では，これら規格が原則整合化／統一化されていく流れにある．この整合化／統一化の機軸となっているのが，ISO 9000（品質マネジメントシステム）や ISO 14000（環境マネジメントシステム）などでおなじみの国際規格，ISO（International Organization for Standardization，国際標準化機構）や IEC（International Electrotechnical Commission，国際電気標準会議）などに代表される国際標準化機関で開発される各種の規格である．

ISO は，1947 年に設立され，131 か国の会員と 186 の TC（Technical Committee，技術委員会）を持つ組織であり，ジュネーブに中央事務局を置いている．IEC は，1906 年に設立され，62 か国の会員を持ち，88 の TC を持つ組織であり，同じくジュネーブに中央事務局を置いている．

これらの国際標準化機関の目的は，基本的には，"物及びサービスの国際貿易を容易にし，かつ，知的，科学的，技術的及び経済的な活動をより拡大するために標準化活動を図る"ことである．双方とも任意団体であり，これらの組織によって開発された規格については，その適用について，世界の国々に対して法的な意味での強制力は持たない．

では，なぜ ISO, IEC を機軸として各国規格を整合化／統一化が進められているかということであるが，この根拠となっているのが WTO/TBT 協定である．

WTO/TBT 協定とは，1979 年 4 月に国際協定として合意された GATT スタンダードコードが 1994 年 5 月に TBT 協定として改訂合意され，1995 年 1 月に WTO 協定に包含されたものである．WTO 加盟国に対して，強制規格—任意規格—適合性評価手続き等の制定については，ISO, IEC などの国際規格や

ガイド（指針）を基礎として制定すること等を義務付けている．

これは，各国が定める工業製品等の規格への適合性評価手続き（規格・基準認証制度）が国ごとに異なることは貿易障壁であるとの前提に立ち，国際規格を基礎として各国の国家規格を策定する原則を定めることにより，規格作成の透明性確保を目的とするものである．言い換えれば，規制や規格が各国で異なることによる貿易の技術的障害（Technical Barriers to Trade, TBT）を取り除くために，すべてのWTO加盟国全部に対し，各国の国家規格を国際規格に整合させ，統一させることを要求しているのである．日本もWTO加盟国であり，協定を批准しているため，当然そのルールが適用される．

以降，機械安全分野の規格を中心に，ISO, IECを機軸とした主要各国間の安全規格の関係を説明する．概略は図 1.1 のようにまとめることができる．

図 1.1 では，ISO を中心にした主要各国規格と法令の関係を示しているが，EU諸国は市場統合化されているため，EU指令（機械指令，LVD指令，

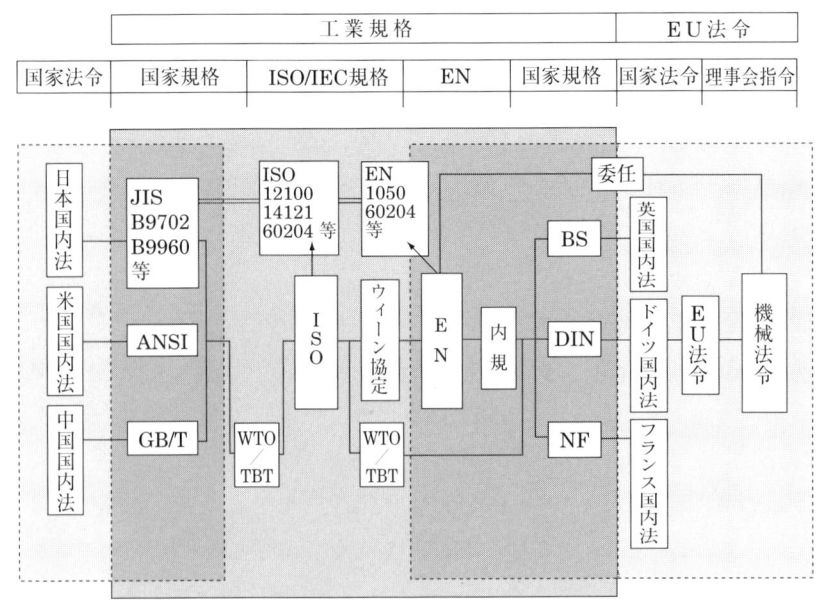

図 1.1　国際整合化への法令と工業規格の体系化

EMC 指令など欧州域内の法律）を背景とした地域規格である EN 規格（欧州規格）が，規格の整合化／統一化の中心的役割を果たしている．EN 規格として開発されたものは，原則として，EU 各国の国家規格として採用される（例えば，BS EN XXXX, DIN EN XXXX など）．

EN 規格は，各指令への適合の手段として開発された"整合規格*"でもある．そのため，欧州諸国は，自国及び欧州市場の双方において齟齬が生じないように EN 規格を開発しなければならず，また，WTO/TBT 協定により，国際整合化も視野に入れて開発を進めることになるので，機械指令，EN，さらに ISO 規格が整合化／統一化されていれば，好都合である．この図式を実現させたのが，1991 年に締結されたウィーン協定である．これは ISO と EN を開発する機関である CEN（欧州標準化委員会）の間で結ばれた協定で，お互いに重複作業を避けて，より迅速に規格開発を行うことを目的としたものであり，相互に技術協力をして共同で規格を検討することを定め，さらに CEN による ISO の国際規格原案（DIS: Draft International Standard）の作成を認めたものである．つまり，ISO は EN となり，EN は ISO となる．ISO となれば，結果として欧州市場のみの要求事項が世界への要求事項へと拡大する．当然，日本の国家規格である JIS も例外なくこの流れに乗ることとなる．これが，現在，国際規格であるデジュールスタンダード（公的規格）が欧州主導であるといわれる理由である．

図 1.2 に示すとおり，時間的経過から見れば，ウィーン協定の締結は，WTO/TBT 協定より先なので，欧州諸国からみれば都合よくことを運んでおり，その他の国は割をくっている感がある．ただし，欧州諸国は規格開発に相当の費用をかけているので，その点では重要な役割を演じていると評価できる．

国際安全規格は上述した流れのなかで開発されてきたものであり，多くの EN 規格が ISO, IEC 化されている．次節では，このような流れの中で開発さ

---

* 各指令に対する整合規格は，欧州の官報である EC 官報において，公示される．
 URL：http://eur-lex.eu/
 各指令に対する整合規格は，次のサイトで検索等ができる．
 URL：http://www.newapproach.org/

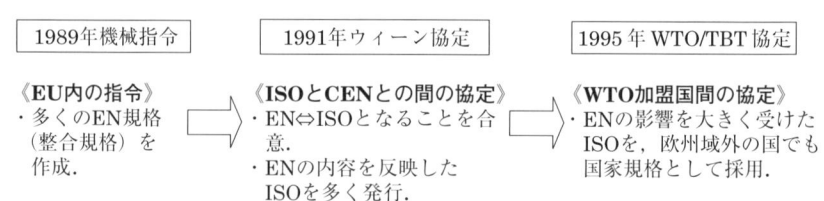

図 1.2　EN 規格の世界普及（欧州から見た場合）

れてきた機械安全を中心とした国際安全規格の特徴を説明する．

1.3　国際安全規格の特徴と ISO/IEC Guide 51

多くの ISO, IEC 国際安全規格が，欧州 EN 規格を原案として開発されているということは，既に紹介し，EN 規格の目的も指令への適合の手段である，ということも簡単に紹介した．

こうして開発された規格には，共通に見られる特徴がいくつかある．

まず，第一に，規格体系上の特徴がある．ISO, IEC 国際安全規格には，A 規格（安全基本規格），B 規格（グループ安全規格），C 規格（個別安全規格）という種別がある（図 1.3 参照）．A 規格とは，設計のための基本原則，用語

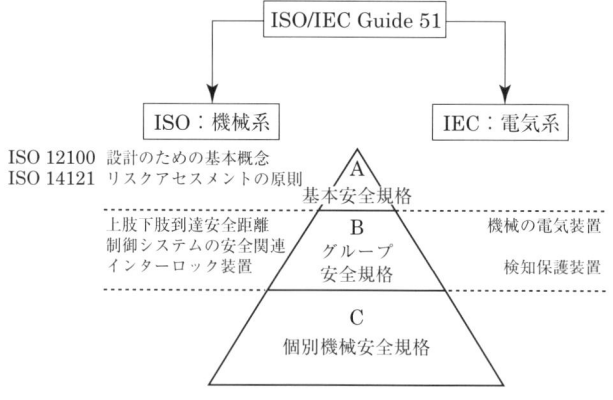

図 1.3　規格体系の階層化構造及び規格の例 [3)]

1.3 国際安全規格の特徴と ISO/IEC Guide 51

などを定める規格で,すべての機械類に適用できる一般面を示す規格である.B 規格とは,ガード,両手操作制御装置,安全距離などを定める規格で,広範囲の機械類にわたって使用される安全面又は安全関連装置の一種を取り扱う規格である.C 規格とは,フライス盤,マシニングセンタなど特定の機械やこれらを包含する上位の概念にある工作機械など個別の機械を対象にした規格で,個々の機械又は機械のグループのための詳細な安全要求事項を示す規格である.このような体系により,原則上,あらゆる分野にもれなく適用することができる体系となっている(C 規格がない場合,B 規格を使えばよいし,B 規格がないならば,A 規格を使えばよい).

日本においては,一部の規格群を除けば,このような体系的に整理された規格群はあまり存在していない.従来の JIS などでは,プレス機械やゴム機械などの特定の機械に関しての要求事項を定める規格があるといった調子で,原則として機械の種類ごとの個別対応である.

第二の点としては,ISO, IEC では,その技術基準を性能規定としていることである.他方,多くの JIS は,仕様規定である.そのイメージを簡単に例えるならば,"ジュースを上手に飲まなければならない"との要求事項があったとする.仕様規定では,この要求事項は "右手でコップを握り,左手をコップの底面に添えて飲む" となるが,性能規定では "こぼさずに飲め" と要求するのみで,両手を使用して飲め,ストローを使って飲めといったその実現の手段は規定されない.

性能規定:その製品に真に必要な実用性(寿命,信頼性など)を定性的又は定量的に表現した規定.

仕様規定:構造,形状・寸法,材料,外観等の項目を含んだ,設計又は記述的特性を含んだ規定.

第三の点としては,リスクアセスメントによる安全性評価があげられる.リスクアセスメントは,危険源(ハザード:危害の潜在的な源)を同定し,そこから派生するリスクがどのくらいの大きさかを見積もり,そのリスクが十分に低減されているかどうかを判定する作業であり,従来,JIS にはこのような考

え方はなかった．

第四の点として，3ステップメソッドと呼ばれるリスク低減方策があげられる．リスク低減が本質的安全設計方策，安全防護策，使用上の情報に3分類されており，優先順位付けがなされている．

日本において，従来，これらの特徴を反映したJISは，あまり存在していなかったが，WTO/TBT協定により，多くのJISがISO, IECに整合するようになっている．

以上，国際安全規格の四つの特徴を見てきたが，このような特徴は，偶然の産物ではない．欧州においては従来からEN 414 (Safety of machinery: Rules for the drafting and presentation of safety standards) があり，この規格の中で，上に述べたことが規定されている．一方，ISO, IECにおいてはどうかというと，ISO/IEC Guide 51 という，ISO/IEC両機関により共同で開発した，規格に安全に関する規定を導入するためのガイドラインがあり，上で述べた四つの特徴はすべてこのISO/IEC Guide 51で規定されており，多くの国際安全規格は，このガイドに基づいて作成されている．

次章では，このISO/IEC Guide 51について説明する．

引用・参考文献

1) Dave Macdonald (2004) : Practical Machine Safety, Newnes
2) ISO/IEC Guide 51:1999 Safety aspects — Gudelines for their inclusion in standards
3) JIS B 9700-1:2004 機械類の安全性—設計のための基本概念，一般原則—第1部：基本用語，方法論
4) JIS Z 8051:2004 安全側面—規格への導入指針
5) 小木和孝，藤野昭宏，加地浩 訳(1997)："労働における安全と健康—英国の産業安全保健制度改革—"（ローベンス卿，委員会報告 1970-72），(財)労働科学研究所出版部
6) 日本工業標準調査会（JISC） http://www.jisc.go.jp/
7) 畠中信夫(2001)：労働安全衛生法のはなし，中央労働災害防止協会
8) 丸山弘志 編集委員長(1998)：機械安全の国際規格とCEマーキング—重要規則と規格の世界的動向，日本規格協会

第2章 ISO/IEC Guide 51 の精神

2.1 ISO/IEC Guide 51 とは？

　ISO/IEC Guide 51 は，規格に安全に関する規定を導入するためのガイドラインで，正式名称は，"Safety aspects — Guidelines for their inclusion in standards"である．このガイド（指針）は，ISO/IEC の両組織が共同で開発・発行したものであり，1990年に初版が発行され，その後，1999年に改訂版が出されている．日本においても JIS として 2004 年に "JIS Z 8051:2004 安全側面―規格への導入指針" が発行されている．なお，JIS Z 8051 は，ISO/IEC Guide 51 に部分的に追加を行っているものの，完全一致規格として発行されている．

　このガイドでは，安全やリスクなどの概念や安全性を達成するための方法論が示されるとともに，規格のタイトルが表すように，安全規格を作成する方法や既存の規格に安全規定を導入するために必要な一般的作業手順が示され，主に規格作成者が使用する文書である．

　このガイドは，特定分野のみを取り扱うものではなく，機械，電気，医療，化学など幅広い分野で作成される安全規格に適用可能な文書である．なお，リスクを取り扱っているが，保険や投資などの投機的な分野は対象外である．

　本書 1.3 で国際安全規格の特徴として掲げた 4 点は，前述のとおり，このガイドで規定されている内容である．このガイドの特徴は，次のように表すことができる．

　① 安全はリスクを経由して定義される
　② リスクアセスメントの実施要求
　③ リスク低減の方法論

④　規格の階層構造化

このガイドで規定される"安全性"や"リスク"の概念に則り，また，規格の階層構造化の要求事項に基づいて，ISO, IEC 安全規格は作成されている．このガイドで示される安全性は，絶対安全を意味するのではなく，危害の発生確率と危害の程度の組合せをリスクとして見積もって，そのリスクが受容できるものかどうかにより安全であるか否かを認めるものである．いくらかのリスクは必ず残るものであるという前提での安全である．

この安全の考え方に基づき，安全性とは"受容できないリスクがないこと"と定義されている．受容できないリスクをいかに減らすか，あるいは許容可能リスクをいかにして達成するか，このことについての方法論として，このガイドでは，二つの方法が用いられる．

一つ目の方法は，リスクアセスメントである．リスクアセスメントは，危害の発生確率と危害の程度をパラメータとして，リスクの大きさを算定することである．この算定により，受容できないリスク，又は許容可能リスクが決められ，受容できないリスクがある場合，そのリスクを低減することが要求される．

二つ目の方法として，リスク低減の方法がこのガイドでは示されている．リスク低減の方法として，①本質的安全設計方策，②安全防護策，③使用上の情報の三つの技術的方策を設計者側の要求事項として規定し，①追加保護方策，②訓練，③保護具，④組織などを使用者側の方策として規定している．特に設計者側の方策については，順番に方策を講じることが要求され，優先順位付けがなされている．そのため，ISO 12100 などの機械安全規格では"3 ステップメソッド"と呼ぶ．これについては，**本書 3.2.5** で詳述する．

このガイドで示されるリスクアセスメントとリスク低減方策に基づいて，ISO 12100 などの機械安全規格は，その規定内容を構成している．

最後に，この規格の特徴として規格の階層構造化があげられる．**本書 1.3** でも示したが，基本安全規格（A 規格），グループ安全規格（B 規格），製品安全規格（C 規格）の 3 種類の規格に分類し，これらの規格は，基本安全規格＞グループ安全規格＞製品安全規格の関係になっており，下位規格は上位規格に

準拠することとなる．

この階層構造は，一貫した安全の考え方に基づいて，膨大な数の規格に整合性を持たせるとともに，安全技術や機械技術の進歩に柔軟に対応できる体系として規定されている．

表 2.1 に，このガイドの目次を示すとともに，その規定内容の概略について説明する．

表 2.1　ISO/IEC Guide 51 の構成

序文
1. 適用範囲
2. 引用規格
3. 定義
4. "安全"及び"安全な"という用語の使用
5. 安全という概念
6. 許容可能なリスクの達成
7. 規格における安全側面
参考文献

2.1.1　"1. 適用範囲"

- このガイドは，規格を作成する際に，規格に安全面の規定を盛り込むための方法を規定したものであることが明記されている．
- 人，財産，環境，又はこれらの組合せに関するあらゆる安全に適用可能である．
- 規格作成者が使用することを目的としている．
- 製品，プロセス，又はサービスの使用時に発生するリスクを低減するための方策として，リスクアセスメントとリスク低減方策（保護方策）の二つが規定されている．

2.1.2　"2. 引用規格"

- ISO/IEC Guide 51 の規定内容を補完するために 9 規格／指針を引用している（**表 2.2** 参照）．

表 2.2　ISO/IEC Guide 51 の引用規格

規格番号	規格名称
ISO 3864:1984	Safety colours and safety signs
ISO 7000:1989	Graphical symbols for use on equipment — Index and synopsis
ISO 7001:1990	Public information symbols
IEC 60417:1998 (all parts)	Graphical symbols for use on equipment
ISO/IEC Guide 14:1977	Product information for consumers
ISO/IEC Guide 37:1995	Instructions for use of products of consumer interest
ISO Guide 41:1984	Standards for packaging — Consumer requirements
ISO/IEC Guide 50:1987	Child safety and standards — General guidelines
IEC Guide 104:1997	The preparation of safety publications and the use of basic safety publications and group safety publications

2.1.3　"3. 定義"

・安全，リスク，許容可能なリスクなど 14 用語を定義している（**表 2.3** 参照）．

2.1.4　"4. "安全"及び"安全な"という用語の使用"

・"安全"，"安全な"という用語を使用する際の注意事項が記されている．"安全"，"安全な"という用語は，リスクがないことと誤解されるおそれがあるため，その製品などの目的を表す用語に置き換えることが必要とされる．

　例：安全装置　→　保護装置
　　　安全帽　　→　保護帽

2.1.5　"5. 安全という概念"

・安全の概念を，リスクを用いて規定している．

2.1 ISO/IEC Guide 51 とは？

表 2.3 ISO/IEC Guide 51 の用語定義

用 語	定 義
3.1 安全 （safety）	受容できないリスクがないこと．
3.2 リスク （risk）	危害の発生確率及びその危害の程度の組合せ．
3.3 危害 （harm）	人の受ける身体的傷害も若しくは健康傷害，又は財産若しくは環境の受ける害．
3.4 危険事象 （harmful event）	危険状態から結果として危害に至る出来事．
3.5 危険源（ハザード）[*] （hazard）	危害の潜在的な源．
3.6 危険状態 （hazardous situation）	人，財産又は環境が，一つ又は複数のハザードにさらされる状況．
3.7 許容可能なリスク （tolerable risk）	社会における現時点での評価に基づいた状況下で受け入れられるリスク．
3.8 保護方策 （protective measure）	リスクを低減するための手段． 備考　保護方策には，本質安全設計，保護装置，保護具，使用上及び据付け上の情報並びに訓練によるリスクの低減策を含む．
3.9 残留リスク （residual risk）	保護方策を講じた後にも残るリスク．
3.10 リスク分析 （risk analysis）	利用可能な情報を体系的に用いてハザードを特定し，リスクを見積もること．
3.11 リスクの評価 （risk evaluation）	リスク分析に基づき，許容可能なリスクに到達したかどうかを判定する過程．
3.12 リスクアセスメント （risk assessment）	リスク分析及びリスクの評価からなるすべてのプロセス．
3.13 意図される使用 （intended use）	供給者が提供する情報に基づいた製品，プロセス又はサービスの使用．
3.14 合理的に予見可能な誤使用（reasonably foreseeable misuse）	供給者が意図しない方法であるが，人間の挙動から生じる容易に予測しうる製品，プロセス又はサービスの使用．

[*] 本書では，"Hazard" について "危険源" や "ハザード" などと表現している．これは JIS 規格間で使用されている用語が異なるためであるが，いずれの言葉も "Hazard" を意味しているとお考えいただきたい．

- "絶対安全"は，あり得ないことが主張され，"受容できないリスク"がない，又は"許容可能なリスク"が達成されることをもって"安全"と規定している．
- "受容できないリスク"がないこと，又は"許容可能なリスク"は，リスクアセスメントよるリスク低減プロセス（**図 2.1** 参照）の反復的適用により達成されることが規定されている．リスク低減プロセスは，"リスクアセスメント"と"リスク低減方策（保護方策）"から構成される．
- リスク低減方策（保護方策）は，設計者による方策と使用者による方策に分類され，かつ方策に優先順位付けがなされている（**図 2.2**）．

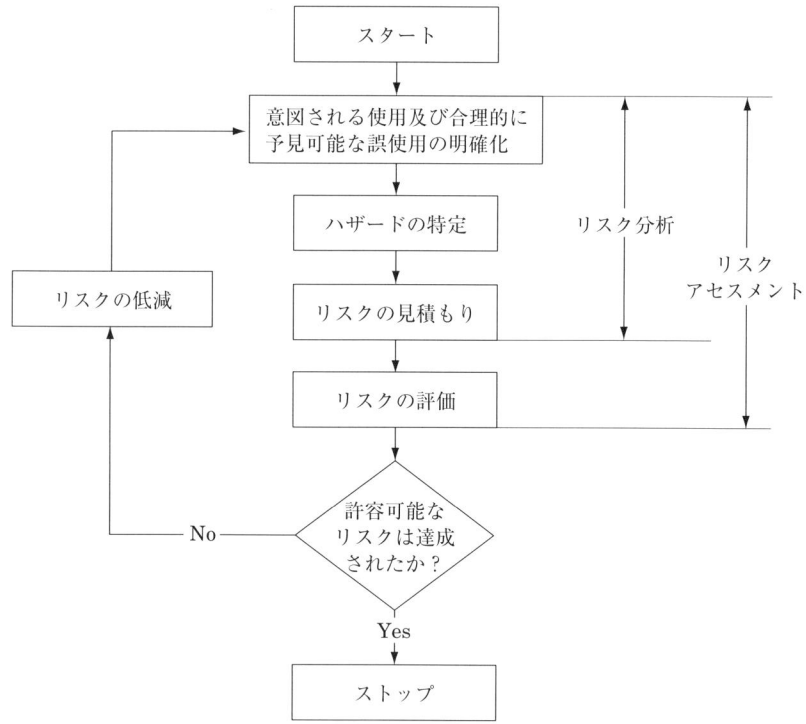

図 2.1 ISO/IEC Guide 51 で示されるリスク低減プロセス[15)]

2.1 ISO/IEC Guide 51 とは？

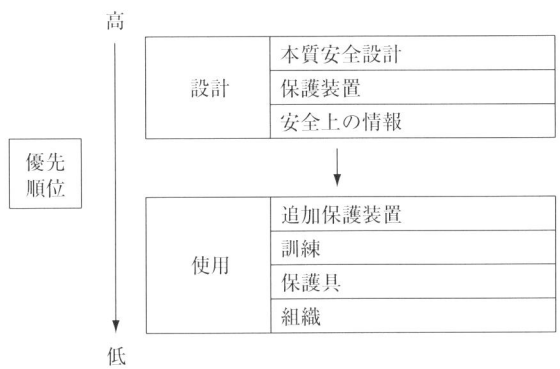

図 **2.2** リスク低減方策と優先順位

2.1.6 "6. 許容可能なリスクの達成"

・許容可能なリスク達成のための一般的手順を規定している．図 **2.1** に示される手順の適用により，達成することが規定される．

2.1.7 "7. 規格における安全側面"

・安全規格の階層構造化（種類）の規定．
・安全規格の作成，改正の際に必要な事前準備の必要性に関する規定．
・草案作成の際に，具備すべき安全上の情報に関する規定．
 ―情報の形式
 ―説明書
 ―警告表示
 ―包装　など

安全規格の階層構造化は，次のように規定されている．また，図 **2.3** のように示すことができる．

────── **ISO/IEC Guide 51:1999　7.1** より ──

基本安全規格：
　広範囲の製品，プロセス及びサービスに対して適用する一般的な安全側面に関する基本概念，原則及び要求事項を含む規格．

グループ安全規格：
　一つ又は複数の委員会が取り扱う幾つかの又は一群の類似の製品，プロセス及びサービスに適用できる安全側面を含む規格．できる限り基本安全規格と関連させることが望ましい．

製品安全規格：
　一つの委員会がその業務範囲内で取り扱う特定の又は一群の製品，プロセス若しくはサービスの安全側面を含む規格．できる限り，基本安全規格及びグループ安全規格と関連させることが望ましい．

規格の種類	ISO 規格	IEC 規格
基本安全規格 （タイプ A 規格）	・ISO 12100-1, -2 ・ISO 14121	—
グループ安全規格 （タイプ B 規格）	・ISO 13849 ・ISO 13850 ・ISO 13852 ・ISO 14119 ・ISO 14120 など	・IEC 60204-1 ・IEC 61310-1 ・IEC 61496-1 ・IEC 62046 ・IEC 62061 など
製品安全規格 （タイプ C 規格）	個別分野の規格	個別分野の規格

（広 → 狭：適用範囲の広さ）

図 2.3　規格の階層構造

2.1.8　ISO 12100 と ISO 14121

　以上，ISO/IEC Guide 51 の概要を説明してきた．次節では，このガイドの中核部分である"安全"，"リスク"，"リスクアセスメントとリスク低減方策"について，より詳細に説明する．

　なお，説明にあたっては，特に**図 2.3** で示される規格のうち，基本安全規格である ISO 12100 を主として，また ISO 14121 を補足的に用いるため，ここでは簡単にその規格名称と規格の規定事項の要約を示しておく（**表 2.4** 参照）．いずれの規格についても，詳しくは，**本書第 3 章**で紹介する．

表 2.4 ISO 12100 と ISO 14121 の概要

ISO 12100-1:2003 (JIS B 9700:2004),
ISO 12100-2:2003 (JIS B 9700:2004)

規格の名称	機械の安全性—基本概念,設計の一般原則 第1部：基本用語,方法論 第2部：技術原則
規定の範囲	あらゆる機械を対象としている． 使用対象者は,設計者である．
規定の内容	機械の安全性に関する要求事項を規定している． ISO/IEC Guide 51 で規定される "安全性"，"リスク"，"リスクアセスメント"，"リスク低減方策" を採用している．

ISO 14121:1999 (JIS B 9702:2000)

規格の名称	機械類の安全性—リスクアセスメントの原則
規定の範囲	ISO 12100-1 の "5.リスク低減のための方法論" で規定されるリスクアセスメントに関する一般原則を定めている．
規定の内容	リスク低減のためのプロセスについて,各プロセスに対する要求事項を規定している．

2.2 "安全" という概念

"安全" という言葉は，今日，"安全帽"，"安全装置"，"安全かみそり" など，さまざまな使われ方をしている．これらの言葉に共通していることは，形容詞として "安全" を使用することにより，多くの場合，人間はその意味を思考経済的に省略してしまい，本来その言葉が目的としていた意味を忘れてしまうことである．本来の意味は，安全帽は，"人の頭を保護するもの" であり，安全装置は，"人が危害に遭わないように，機械を停止させる／危険な箇所に人が入れないようにすることに貢献する装置" であり，安全かみそりは，"人が誤って使用しても，けがをしないような工夫がなされたかみそり" である．

日本語の "安全" は，英語でいうと "safety, safe" であり，ラテン語の "secrus" を語源に持つといわれる．この語がもつ意味は "sine cura" であり，英語では "without worry" となる．語源まで戻ると "安全" は，"心配ない"

こととなる．"心配ない"ということは，何を意味するか，どう捉えるかは，人により，使われる文脈により異なるが，日常の意識としては"危害に遭う心配がない"と捉えることができよう．機械の安全に関していえば，"危害に遭う心配がなく，機械を使用することができる"と解釈するべきであり，"心配ない"は，絶対安全を意味しない．なぜなら，心配がなくても事故は起こるからである．

"安全"の概念は，一般的な辞書によると，"危険がないこと"や"危害又は損傷・損害を受けるおそれのないこと"となる．これらの定義が，危害や傷害，危機，損害が全くないことを意味しているとしたらどうか？ このような状態を万に一つの間違いもなく確保することは，可能であろうか？ おそらくは，困難であろう．このような意味で"安全"を捉えると，機械，電子機器，食品，医薬品など，市場に流通するほとんどすべての製品は，この要求を満たすことができなくなる．しかしながら，われわれは，日常の生活において，意識しているか，していないかにかかわらず，これらの製品が絶対にわれわれに損害を与えることはない，とは考えていないであろう．暗黙のうちに，もしかしたら何か害があるかもしれないと考えているのではないであろうか．

例えば，風邪をひいて風邪薬を飲むときには，いうまでもなく処方箋や説明書に書かれている指示や用法・用量を守って飲まなければならないが，2錠と指示のあるところ，早く直そうと思って，3錠，4錠，あるいは一瓶全部を飲む人はいない．"指示以上に飲むと，なにか人体に害があるだろう"，つまり"指示が一回に飲む許容限界値であり，それを超えると悪影響を及ぼす"と考えているからである．このことは，薬は，人体の状態を正常に戻すことができるが，飲みすぎると悪影響もあるということを認めて飲んでいることになる．

また，車の運転を考えてみると，"車を運転して，絶対に事故を起こさない"といえるだろうか．仮に自問自答して，自分は事故を起こさない，といえる人がいるとしたならば，再度，こう問いかけてみる必要がある．"任意の自動車保険に加入していただろうか"．加入していれば，暗に"不測の事態に備えている"ことになる．つまり，事故を起こす可能性があるということを暗に認め

2.2 "安全"という概念

ているといえる．

このように，人は，たいていの場合，日常の行動や判断において，絶対に危害や損害を受けないことが確保されている状態の存在を，自ら否定しているのである．

われわれは，日常，多かれ少なかれ，不確実な状態で生活しており，"安全"は，危害や損害という不利益を生じる可能性が極めて少ないと考えた結果としての状態，状況であることを，無意識のうちに理解している．

この"不利益を受ける可能性"が"リスク"であり，"リスク"は一般的には，危害の発生確率と危害の程度（大きさ）の二つの要素の組合せからなる．ISO/IEC Guide 51 では，"リスク"を次のように定義している．

ISO/IEC Guide 51:1999　3.2 より

リスク（risk）:
　危害の発生確率及びその**危害**の程度の組合せ．

また，危害の発生確率と危害の程度（大きさ）の二つの要素の関係は，次のように表すことができる．

R と $P \cdot S$ との関係

リスク(R) = 危害の発生確率(P)・危害の程度(S)

$$R = P \cdot S = f(P, S)$$

ここで，記号"・"は，組合せを表しており，必ずしも掛け算ではない．R は，P と S との関数 (f) であることを表している．

この定義を，日常に置き換えて簡単に説明するため，人から金を貸してほしいという申し出を受けた場合を想定する．

金を貸す場合には，まず，借り手の信頼性を考えるであろう．過去に貸しても返ってこなかった人には，今回も返ってこないのではないかと考えるのは当然である．次に，貸す金額も重要な考慮事項であろう．信頼できない人でも，

10円なら，返ってこなくても，自分に対する損害のリスクは非常に小さいので，あまり深く考えないでもよいかもしれないが，100万円貸すとなると，話は違ってくる．返ってくる可能性は低く，貸す金額は大きいとなると，これは，大きなリスクとなる．

今度は，逆に，貸す人物は非常に信頼のおける人物であり，金を貸しても返ってくる可能性が非常に高い場合，貸す金額が10円であれば，仮に返ってこなくても，たいした損害にはならないので，リスクは非常に小さい．しかし，1億円となるとどうか．大金持ちならいざ知らず，一般には，万が一，1億円が返ってこなかった場合を想定すると，非常に大きなリスクとなる．

これらの例は，金を貸すという場面を想定して，金が返ってくる可能性と金が返ってこなかった場合の被害の程度の二つの要素を考慮して，リスクとして捉えている例であり，"金を貸しても返ってこない＝危害の発生確率"と"貸す金額の大きさ＝危害の程度"としており，ISO/IEC Guide 51の定義に従っていることとなる．この"リスク"の定義を経由して，ISO/IEC Guide 51でも"安全"が次のように定義されている．

なお，以上の説明のなかで，"確率"という用語と"可能性"という用語を使用している．確率は"ある試行を同じ条件の下で長く続けたとき，一定の結果が生起する相対頻度の極限値"（JIS Z 8101-1の定義．一部抜粋．）であり，厳密な意味では，この二つの用語は異なるが，説明の便宜上，両方使用してある．

─ ISO/IEC Guide 51:1999　3.1より ─
安全（safety）：
　受容できないリスクがないこと．

原文は"Freedom from unacceptable risk"であり，やさしく訳すと"受け入れ不可能なリスクから解放されていること"である．この定義を別の言い方で表現すると，"受け入れ不可能なリスク以外のリスクがあっても安全である"といえる．つまり，リスクゼロの状態，絶対に安全であるという絶対安全を意味しているのではなく，リスクという数量的概念を用いて，それが受け入れ可

能な状態まで抑えられている状態を"安全"としている．

さらに，ISO/IEC Guide 2:2004（JIS Z 8002:2006 標準化及び関連活動——一般的な用語）で定義される"安全"の定義を次に紹介する．ISO/IEC Guide 51 の安全の定義が特殊なものではないことがわかる．

―――――――――――――― ISO/IEC Guide 2:2004　2.5 より ――
安全（safety）：
　危害の容認できないリスクがないこと．

この定義でも，ISO/IEC Guide 51 とほぼ同様の定義（原文：Freedom from unacceptable risk of harm）がなされているが，"of harm"が追加されている．この"harm"は"physical injury or damage to the health of people, or damage to property or the environment"を意味していると考えられるので，同様の定義であるといえる．

では，次にこの定義で使用されている"受け入れ不可能なリスク（容認できないリスク）"とは何かを考えてみたい．先ほどの金を貸す例で簡単に説明する．

先ほどの例では，"金を貸しても返ってこない＝危害の発生確率"と"貸す金額の大きさ＝危害の程度"の組合せをリスクとして，いくつかの場面を想定した．金を貸してくれという相手の申し出に対して，金を貸すことができたのであれば，金を貸すリスクを受け入れることができたのだから，受け入れ不可能なリスクがない，つまり"安全"を意味し，金を貸すことができなかったのであれば，金を貸すリスクを受け入れることができなかったのだから，受け入れ不可能なリスクがあり，上の定義から外れることとなり，"安全"ではないとなる．

"安全"の定義を図に表すと，**図 2.4** のようになる．同図において，許容可能なリスク（tolerable risk）とは，厳密には"社会における現時点での評価に基づいた状況下で受け入れられるリスク"のことである（この定義に関しては，**本書 2.4.1** で詳しく紹介をする．）．

図 2.4　ISO/IEC Guide 51 で示される "安全" の概念

機械分野の安全規格で "安全" という場合も，図 2.4 と同様の考え方に基づいている．実は，ISO 12100 や ISO 14121 では，"許容可能なリスク" や "受け入れ可能なリスク" と同じ言葉は使っていない（**本書 3.3** 参照）が，"適切なリスク低減"（Lowest practicable risk）を達成したか否かの設問により，この考え方を表している．

その他の国際規格でも "安全" が定義されているので，参考として示す．

―――――――――――――――――― IEC 61508-4:1998　3.1.8 より ――

安全（safety）：
　受容できないリスクから免れている状態（Freedom from unacceptable risk）

規格標題：Functional safety of electrical/electronic/programmable electronic safety-related systems — Part 4: Definitions and abbreviations
対応 JIS：JIS C 0508-4:1999 電気・電子・プログラマブル電子安全関連系の機能安全 ― 第 4 部：用語の定義及び略語

―――――――――――――――――― ISO 11014-1:1994　3.1 より ――

安全（safety）：
　受容できないリスクがないこと（Freedom from unacceptable risk of harm）

規格標題：Safety data sheet for chemical products — Part 1: Content and order of

sections
対応 JIS：JIS Z 7250:2005 化学物質等安全データシート（MSDS）—第 1 部：内容及び項目の順序

　IEC 61508-4 は，プラントなどを対象にした機能安全（**本書第 4 章**参照）の規格であり，ISO 11014-1 は，化学物質に関する規格である．言葉に多少の違いはあるものの，ISO/IEC Guide 51 で規定される"安全"の定義に従っているのがわかる．

2.2.1　リスクと便益について

　リスクは低ければ低いほうがよい．しかしながら，実際には，"何かモノを使用する"，"何かの行為を行う" ということは，リスクをとることであり，そのリスクをとるには，そこから生じる何らかの便益があるからである．
　例えば，薬を飲む場合，薬を飲むことによるリスクは副作用であり，薬を飲むことにより受ける便益は，病気が治ることである．
　ナイフを使う場合，ナイフを使うことによるリスクは，誤って手を切ることや切らなくてもいいものを切ってしまうことであり，ナイフを使うことによる便益は，紙や肉を上手に，効率よく切るところにある．
　車を運転する場合は，車を運転して事故を起こすことがリスクであり，車を運転することによる便益は，目的地に早くつくことである．
　このリスクをいかに低いレベルに下げ，便益を享受するかが問題であり，何かをする際にリスクが完全にない状態にすることは，現実的にはかなり困難なものである．
　しかしながら，ここに例示した行為の場合は，自らの行為を自らが決定している（自発的）ので比較的判断は単純で済むかもしれないが，自分の行為が他者に及ぶ場合（その影響を非自発的に受ける人がいる）などは，判断が困難になる．
　例えば，あなたが会社の経営者だったとする．今度，会社で使用される機械を購入することとなったが，A 社の機械は，1 台当たり 120 万円であり，B 社

の機械は，100万円である．A社の機械には，適切な安全対策が施されており，その機械に関与する人が傷害を受けるリスクが小さくなる．B社の機械は，安全対策が施されておらず，A社の機械と比較するとその機械に関与する人が傷害を受けるリスクが大きくなる．あなたは経営者として，どちらを選択するであろうか．

　A社の機械を購入することによるリスクは支出が大きくなることであり，便益は従業員の傷害リスクが小さくなることである．B社の機械を購入することによるリスクは，従業員の傷害リスクが大きくなることであり，便益は支出が少なくて済むということである．

　この場合，支出が少なくて済むという経済的な指標に重きを置くのか，人の安全（命）に重きを置くのかにより判断に違いが出るとともに，金銭という経済的尺度と人の命（安全）という倫理的尺度という異なった尺度で両者を比較し，しかも，その判断が他者に及ぶことになる．

　一方，この機械の選択を従業員の立場から見るとどうなるであろうか．機械に関与する人にとっては，適切な安全対策が講じられているA社の機械のほうが傷害リスクが小さくなるのだからA社の機械を選択したいと考えることは当然であるが，他方，B社の機械のほうが自分にとって効率的に作業ができるので，多少危なくてもB社の機械を選択する人がいるかもしれない．

　従業員にとっては，仮に，B社の機械を導入することが決定されたとすると，A社の機械を希望した人にとっては，傷害のリスクが大きい作業を実施することになり，無理にリスクを押し付けられていることになる（非自発的なリスクをとらなければならない）．他方，B社の機械を希望した人にとっては，傷害のリスクが大きくなることを承知のうえで，自分の作業効率が良くなることを便益と考えて，あえて傷害リスクをとっていることとなる（自発的なリスクをとっている）．

　後者のような例は，"適切な安全対策が講じられていない機械"＝"効率的に作業ができる＝自分の利益"，ひいては"＝組織の利益"に結び付けられてしまうため，正当化されやすい．

2.2.2 安全を考えるうえで必要な要件

ここまで，国際規格で採用されている一般的な"安全"の考え方を説明してきた．次に，"安全"を考えるうえで，考慮しなければならない要件について説明する．ISO/IEC Guide 51 の"安全"の定義は，次であった．

---- **ISO/IEC Guide 51:1999　3.1 より** ----

安全（safety）

受容できないリスクがないこと．

この定義では，確かに"安全"が定義され，その考え方が示されているが，"何を"，"何から"，"何により"，安全を確保するのかは示されていない．

"何を"は"保護対象は何か"を意味する．つまり，人なのか，財産なのか，環境なのか，を意味する．また，"何から"は，例えば，台風，雷，地震などの自然災害からなのか，窃盗，強盗などの犯罪からなのか，ソフトウェアのバグなどによる機械の異常動作（故障）からなのかなど，損害を及ぼす原因，脅威を意味している．最後に示される"何により"は，ある損害を被るリスクがあると想定した場合に，講じる対策を意味している．**表2.5**に，例としてこれらの内容を示す．

なお，ISO/IEC Guide 51 の定義は，いわゆる"ネガティブリスク"を考慮したものであり，例えば，ハイリスク・ハイリターンのような"ポジティブリスク（投機的リスク）"を取り扱っているわけではないので，リスクは低いほうがよいということが前提となっている．

特に，機械の安全を取り上げると，ISO 12100 では，"何を"は，保護対象を"人"に限定しており，"何から"は，機械により生じる人の腕や足の押しつぶしや，指の切断，充電部に人が接触したことによる感電ややけど，有害物質などによる呼吸困難などの"危害を被る原因"を意味している．ここで示された原因は，ISO 12100 では"危険源（ハザード）"と呼ばれる．最後に，"何により"（対策）としては，**表2.5**（**表2.7**も参照）に掲げた安全技術や安全装置などがあげられる．

表 2.5 安全を考えるうえで必要な要件

対　象	内容の例
"何を" (保護対象)	人の健康，身体，命（機械安全の対象）
	人の心の安定，安心
	金銭，財産
	機械，システム，プロセス，ネットワーク
	情報，データ，品質
"何から" (安全を脅かす原因，脅威)	機械のハードの故障・劣化，ソフトウェアのバグ
	地震，雷，台風
	ヒューマンエラー，設計ミス，誤解など，機械を取り扱う人間側の過誤
	破壊，ハッカー（厳密にはクラッカー），テロ，なりすまし，盗聴，などの人間の悪意ある行動
	設計外の負荷，通信の輻輳などの過負荷
	大規模化，複雑化，ブラックボックス化などの複雑性
	時代（年代ギャップ，バージョンアップによるギャップ），文化（異文化ギャップ），などに起因するコミュニケーション不足
	環境変化（景気の変化，社会の変化，時代の変化など）
"何により" (対策)	高信頼度部品等を使用することで機械そのものを故障しないように作る．（フォールト・アボイダンスと呼ばれる技術）
	ソフトにバグが入り込まないように，設計に誤りが入り込まないように作る．（人間の設計ミスを少なくする技術）
	冗長技術を利用する．（フォールト・トレランスと呼ばれる技術） ・部品や設備を二重化，三重化することで，一つぐらいが駄目になっても他のもので補う構造を採用する．（空間冗長） ・何回か繰り返したり，やり直すことで正しいことを確認する．（時間冗長） ・誤っても訂正可能なように情報を付加しておく．（情報冗長）
	設計の段階から安全を考慮する． ・危険の原因を最初からないように作る．（本質安全設計） ・機械が故障しても安全なように配慮して設計する．（フェールセーフ設計） ・人間が間違えても安全なように配慮して設計する．（フールプルーフ設計） ・テストや保全が容易なように設計する．（テスト容易化・保全容易化設計） ・監視機構，チェック機構等の機構を導入する． ・事故が起きたときに被害が広がらないように設計する．
	人間の注意により安全を確保する．（注意・訓練，マネジメント，組織，管理等による方法）
	制度により安全を確保する．（法規制，標準化，認証制度，保障制，保険制度等による方法）

2.2 "安全"という概念

ここまで，"リスク"，"危害"，"危険源" などいろいろな言葉を使用しており，少々混乱をきたすおそれがあるので，改めてこれらの用語の定義を表 2.6 に示すとともに，これらの関係を図 2.5 で示す．

表 2.6 リスク，危害，危険源の定義

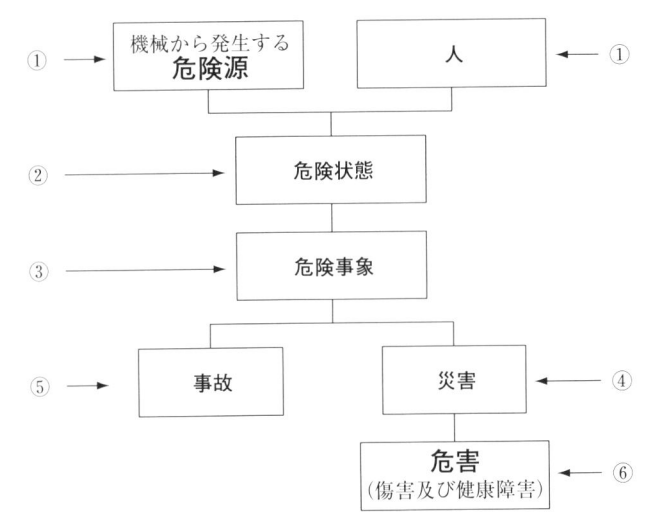

用語	定義
リスク	危害の発生確率と危害のひどさの組合せ
危害	身体的傷害又は健康障害
危険源	危害を引き起こす潜在的根源

① 人及び機械が存在する
② 人及び機械が共存する（危険状態）
③ 危険事象が発生する（hazardous event）
④ 傷害及び健康障害に至る場合がある（accident）
⑤ 傷害及び健康障害に至らない場合がある（incident）
⑥ 危害の発生確率とひどさの組合せがリスク

図 2.5 危害発生のプロセス

2.2.3 信頼性と安全性
(1) 信頼性と安全性の定義

ここで,よく混同される信頼性と安全性の違いについて説明をしておく.信頼性と安全性は互いに深い関係にある.信頼性は,機械でいえば,故障せずにその機能を正常に保つことを目標にするものであり,一方,安全性は,人間に危害が及ばないように機械が機能し,使用することができることを目標としている.もちろん,故障しないで本来機能を発揮することにより,安全性を確保することは,多くの場合,現実に採用されていることではあるが,信頼性と安全性は異なる概念である.

この違いを見るために,次に"機械の信頼性"の定義と"機械の安全性"の概念を示す.

まず,機械の信頼性は,ISO 12100-1 では,次のように定義されている.

ISO 12100-1:2003　3.2 より

信頼性(機械の)[Reliability (of a machine)]:
　機械,構成品又は設備が指定の条件のもとで,ある定められた期間にわたって故障せずに要求される機能を果たす能力.

この定義を簡単に説明すると,"機械,構成品又は設備"とは,機械自体をさす場合もあれば,制御ユニットやセンサなどの設備を意味する場合もある.なお,制御ユニットやセンサなどは,使い捨て品の場合もあるし,修理可能品である場合もある.次に"指定の条件のもとで"とあるが,これは使用条件や環境条件などを意味している.屋内で使用するのか,屋外で使用するのか,又は寒いところで使用するのか,暑いところで使用するのか,24 時間連続使用するものなのか,短時間の使用なのかといった,機械,構成品又は設備が使用される条件を意味している."ある定められた期間"とは,文字どおりで,意図する使用・運転期間はどのくらいかを示している."故障せずに要求される機能を果たす能力"とは,故障せずに機械や構成品又は設備が働くことができる,ということを意味している.

2.2 "安全"という概念　　　　　　　　41

次に"機械の安全性"の概念を示す．機械の安全性については，ISO 12100では，定義がなされておらず，規格の序文のなかで，機械の安全性の概念として，次が示されている．

───────────────── ISO 12100-1:2003　序文より ──
"機械類の安全性"の概念：
　…機械類のライフサイクルの間，リスクが適切に低減された状態で意図する機能を果す機械の能力…

この概念を別の言い方で表現すると，機械類の運搬，組立，設置，検収，設定（段取），ティーチングもしくはプログラミング又は工程の切替，運転，清掃，不具合の発見，保全，使用停止，分解，廃棄の間，許容可能なリスクに低減された状態で，意図する機械の役割を果すことができる，となる．先ほど示した機械の信頼性の定義では，"故障せずに"が規定されているが，機械の安全性の概念では"故障せずに"が規定されておらず，たとえ故障したとしても，安全側に故障するならば，最悪，容認されることが含まれているといえる．

前述のとおり，信頼性が安全性に大きく貢献していることは間違いなく，故障せずに機械の本来機能を維持することが安全性に大きく寄与することはいうまでもないが，"機械の安全性"と"機械の信頼性"の両者の考え方は，本来，異なったものである．

(2)　信頼性と安全性の設計技術

信頼性が安全性に対して貢献していることを示す例としては，制御システムの安全関連部に関する規格である ISO 13849-1（機械類の安全性─制御システムの安全関連部─第1部：設計のための一般原則）がある．この規格では，制御システムの構造を定めるカテゴリに加えて，信頼性［危険側平均故障率（MTTFd）が低いほうがよい］が要求されており，信頼性は安全性を確保するための重要な要素であることが規定されている．なお，この規格の詳細説明は，**本シリーズ第3巻**に譲る．

次に，機械の安全性を確保するうえで特に重要である"安全設計技術"に関する説明を加えておく．

ISO 12100 を頂点とする機械安全規格では，その安全にかかわる設計技術は，フェールセーフ，フールプルーフ，フォールト・アボイダンス，フォールト・トレランスなどと呼ばれる技術を用いて安全性の確保を規定している（**表 2.5** 参照）．フェールセーフとフールプルーフは，構造的に安全を確保する設計技術であり，フォールト・アボイダンスとフォールト・トレランスは，機械の信頼性を上げることにより安全を確保する設計技術であるといえる．特にフェールセーフは重要である．

① フェールセーフ

フェールセーフとは，単純にいえば，機械は故障するものであるという前提に立って，機械に故障が発生した際，機械の危険な動きを停止させる技術である．ただし，故障には，安全側の故障と危険側の故障があり，フェールセーフは"機械が故障したら安全側にとまる"技術であり，"安全"を次の二つの状態で確保していることを意味する．

　a）本来の機能を果たしていて，かつ安全である状態（通常の状態）
　b）本来の機能を果たしていないが，安全である状態（故障して，停止した状態）

であるから，フェールセーフは，より詳細に定義をするとすれば，"停止安全が存在するようなシステムで，システム内に故障が発生して正常な機能を保持できなくなったら，常に停止安全に固定するように，つまり安全側にしか故障しないようなシステム"とすることができるであろう．

安全側故障と危険側故障は，次のように定義できる．

安全側故障：
　支配的な故障モードが事前にわかっていて，機械機能の変化を危険源が生じない側へその故障を導く．

危険側故障：

> リスクを増加させるような，機械類又はその動力供給における機能不良．

次に，ガスバーナのフェールセーフの構成例を**図 2.6**で示す．

つまみを押して，ガス室にたまったガスをバーナに供給し，点火する．点火した火により，熱電対の起電力で電磁石のコイルに電流が流れ，接極子を引き上げるとガスが連続的に流れる仕組みになっている．点火されていないと接極子を引き上げる電流も流れないし，また電線が断線しても同様に接極子が引き上げられることはない．さらに，電磁石の吸引力がなくなったとしても，軸がばねの作用と重力によりガスの供給弁をふさぐのでガス漏れを防ぐ構造である．

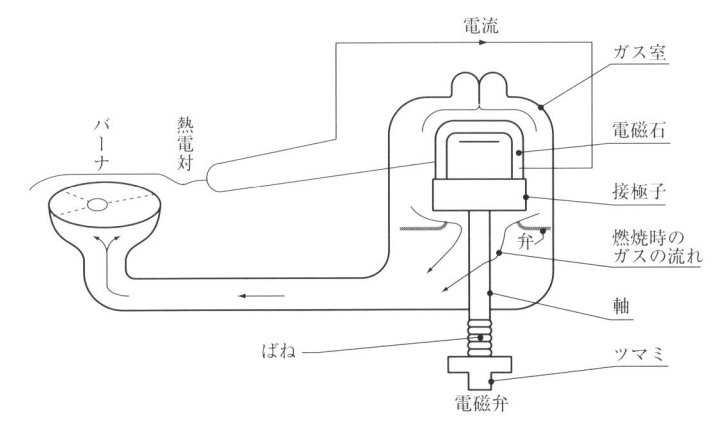

図 2.6 フェールセーフの実現例
（故障時には，ガスが流れない）

なお，フェールセーフについては，ISO 12100 では定義がなされておらず，規格作成の過程で数々の変遷を経て，この言葉は使用されていない．その主な理由は，フェールセーフという言葉を使用すると，絶対安全のように受け取られて，裁判などで不利になるというような各国の事情によると思われる．これらの審議過程については，**本書 3.3** ②に記してある．

② フールプルーフ

フールプルーフとは，人間にとって安全側の誤りしか発生しないような技術である．例えば，コンセントとプラグの形状に工夫をし，プラスとマイナスを逆にしてはコンセントに挿入できないデザインにすることは，フールプルーフの典型である．

③ フォールト・アボイダンス

フォールト・アボイダンスとは，部品や構成品を高信頼化することにより，本来機能を維持し続けることを目的とする技術である．

④ フォールト・トレランス

フォールト・トレランスとは，例えば，あらかじめ多重系，冗長系を構成しておき，一系が故障したとしても，他の系がその機能を補うことにより全体機能を維持し続けることを目的とした技術である．航空機などでフェールセーフという言葉が使われている場合，それは多重系を組むことで信頼性を上げていることを意味しており，それは，本来はフォールト・トレランスのことを意味している．

これらの設計技術の特徴と，定義を，**表 2.7** 及び **表 2.8** に示す．**表 2.5** とあわせて，参照されたい．

表 2.7 代表的な安全にかかわる設計技術とその特徴

技術の性質	設計技術	特　徴
主に構造で安全を確保する技術	フェールセーフ	機械が故障した場合，安全側にとまる．
	フールプルーフ	人間が誤った行動をしても，安全側にしか誤らないようにする．
主に部品やコンポーネントの信頼性を上げることにより安全を確保する技術	フォールト・アボイダンス	部品などを高信頼化する．
	フォールト・トレランス	冗長系を組む等，一つや二つ故障しても，安全を確保しようとする．

表 2.8　JIS Z 8115 他における安全にかかわる設計技術の定義（用語の説明を含む）

用　語	定　義
フェールセーフ	アイテムが故障したとき，あらかじめ定められた一つの安全な状態をとるような設計上の性質
フールプルーフ	人為的に不適切な行為又は過失などが起こっても，アイテムの信頼性及び安全性を保持する性質
フォールト・アボイダンス	製造，設計などにおいて，アイテム及び構成要素にフォールトが発生しないようにする方法又は技術
フォールト・トレランス	放置しておけば故障に至るようなフォールトや誤りが存在しても，要求機能の遂行を可能にするアイテムの属性

2.3　リスクマネジメントとリスクアセスメント

"リスク"という概念は，本書 2.2 以降で説明してきた"安全"に関連する重要な概念であり，国際安全規格においても，採用されており，無視することはできないものであるが，さまざまな分野でさまざまな用語と組み合わせて使用されている．ある検索サイトで"リスク"という用語を検索したところ，27 100 000 件がヒットした．そこでは，例えば，"リスクマネジメント"，"リスクアセスメント"，"環境リスク"，"テロのリスク"，"経済損失のリスク"など，多岐にわたる用語が検出された．"リスク"は，それを取り扱う方法やリスクの源泉と結びついて，さまざまな分野で研究対象とされている．これは，組織や社会が対応しなければならないリスクが無数にあることを意味する．

個別分野の詳細なリスク研究については，他に譲ることとし，ここでは，最近よく耳にする"リスクマネジメント"と，本書でも説明する"リスクアセスメント"について，簡単に比較する．基本的には，リスクマネジメントは，組織のトップが関与する組織的・包括的な取組みであるのに対して，リスクアセスメントは，リスクを分析し，評価する作業であって，リスクマネジメントの一部ということができる．

組織は，組織の目的を達成するために，組織活動に伴うリスクから生じる損

失をできるだけ低減して組織活動を安定させる必要があり，組織活動全般に伴うリスクを管理する必要がある．この管理の体系的な方法は，リスクマネジメントと呼ばれている．

リスクマネジメントに関しては，日本において，標準情報として，TR Q 0008 "リスクマネジメント―用語―規格において使用するための指針" が 2003 年に制定されている．これは ISO/IEC Guide 73 を原国際規格として，制定されたものである．ISO/IEC Guide 73 は，WG の事務局を日本（日本工業標準調査会の依頼により日本規格協会）が務め，第 1 回国際会議を東京で開催するなど，日本の貢献が大きく反映された指針であり，この文書で規定される用語は，幅広く組織活動全般において使用される．

前述の ISO/IEC Guide 51 と TR Q 0008:2003 の違いは，ISO/IEC Guide 51 が，安全分野に特化しているため，リスクから生じる結果は，すべてマイナス面で捉える（ネガティブリスク）のに対し，TR Q 0008 は，あるリスクから生じる好ましい結果（ポジティブリスク）も対象としている点で異なる．例えば，不動産投資や株式投資を行った場合，適切にリスク管理をすれば，予想以上に利益が出る場合などがあるが，これは好ましい結果である．

両規格の "リスク" の定義は，次のように異なることがわかる．

―――― ISO/IEC Guide 51:1999　3.2 より ――――
リスク（risk）：
　危害の発生確率及びその危害の程度の組合せ．

―――― TR Q 0008:2003　3.1.1 より ――――
リスク（risk）：
　事象の発生確率と事象の結果の組合せ．

ISO/IEC Guide 51 や ISO 12100 では，リスクは低減するべきものであると解釈されている．TR Q 0008 などのリスクマネジメントでは，リスクは，低減，対応，コントロールするものであり，リスクへの対策は，ISO/IEC

2.3 リスクマネジメントとリスクアセスメント   47

Guide 51 などの安全に関する規格より広い内容となっている．

　表 2.9 は，ISO/IEC Guide 51 と TR Q 0008 のリスクアセスメント，リスクへの対処方策等を比較したものであり，表 2.10 は，表 2.9 で使用される用語の定義／説明を示したものである．なお，本質的安全設計，安全防護，使用上の情報の3語については，後述する．

　表 2.9，表 2.10 からもわかるように，TR Q 0008 では，組織活動に付随するあらゆるリスクを対象としているのに対し，ISO/IEC Guide 51 では，製品，プロセス，サービスなどを対象とし，リスクは低減するものとして取り扱われている．

表 2.9　TR Q 0008 と ISO/IEC Guide 51 の比較

TR Q 0008（リスクマネジメント）				ISO/IEC Guide 51（安全規定指針）			
リスクアセスメント				リスクアセスメント			
	リスク分析				リスク分析		
		リスク因子の特定				ハザードの特定[*1] （危険源の同定）	
		リスク算定				リスク見積もり[*2]	
	リスク評価				リスクの評価		
リスク対応				リスク対応[*3]			
	リスクの回避				（規定されない）		
	リスクの最適化				リスクの最適化[*4]		
		リスクの低減				保護方策	
			（規定されない）				本質的安全設計
			（規定されない）				安全防護
			（規定されない）				使用上の情報
	リスクの移転				（規定されない）		
	リスクの保有				（規定されない）		
リスクの受容				（規定されない）[*5]			
リスクコミュニケーション				（規定されない）			

[*1] "ハザードの特定（危険源の同定）"は，用語の定義はないが，ISO/IEC Guide 51 の図1で使用される．
[*2] "リスク見積もり"は，用語の定義はないが，ISO/IEC Guide 51 の図1で使用される．
[*3] "リスク対応"は，規定されないが，"保護方策"は，TR Q 0008 で規定される"リスク対応"，"リスクの最適化"の一部として位置づけられる．
[*4] "リスクの最適化"は，規定されないが，"保護方策"は，TR Q 0008 で規定される"リスクの最適化"の一部として位置づけられる．
[*5] "リスクの受容"は，用語の定義はないが，ISO/IEC Guide 51 の図1や6.で使用される．

表2.10 TR Q 0008 と ISO/IEC Guide 51 の用語

TR Q 0008 用語	定義／説明	ISO/IEC Guide 51 用語	定義／説明
リスクアセスメント	リスク分析からリスク評価までのすべてのプロセス	リスクアセスメント	リスク分析及びリスクの評価からなるすべてのプロセス
リスク分析	リスク因子を特定するための，及びリスクを算定するための情報の系統的使用	リスク分析	利用可能な情報を体系的に用いてハザードを特定し，リスクを見積もること
リスク因子の特定	リスク因子を発見し，一覧表を作成し，特徴付けるプロセス	ハザードの特定（危険源の同定）	個々の製品，プロセス又はサービスに対して，ハザード（危険源）リスト及び／又は新たに特定（同定）されたハザード（危険源）を確認する作業
リスク算定	リスクの発生確率と結果の値を設定するために用いるプロセス	リスク見積もり	起こり得る危害のひどさとその発生確率を算定すること
リスク評価	リスクの重大さを決定するために，算定されたリスクを与えられたリスク基準と比較するプロセス	リスクの評価	リスク分析に基づき，許容可能なリスクに到達したかどうかを判定する過程
リスク対応	リスクを変更させるための方策を，選択及び実施するプロセス	リスク対応 *	*"リスク対応"としては，規定されない．"保護方策"は"リスクの最適化"の一部として位置付けられる
リスクの回避	リスクのある状況に巻き込まれないようにする意思決定，又はリスクのある状況から撤退する行為	—	—
リスクの最適化	リスクに関連して，好ましくない結果及びその発生確率を最小化し，かつ，好ましい結果及びその発生確率を最大化するプロセス	リスクの最適化 *	*"リスクの最適化"としては，規定されない．"保護方策"は"リスクの最適化"の一部として位置付けられる
リスクの低減	リスクに伴う発生確率若しくは好ましくない結果又はそれら両方を小さくするためにとられる行為	保護方策	リスクを低減するための手段
リスクの移転	リスクに関して，損失の負担，又は利益の恩恵を他者と共有すること	—	—
リスクの保有	あるリスクからの損失の負担，又は利得の恩恵の受容	—	—
リスクの受容 *1	リスクを受容する意思決定	リスク受容 *	*用語としては規定されていないが，"図1"，"6."などに含まれる．
リスクコミュニケーション *2	意思決定者と他のステークホルダーの間における，リスクに関する情報の交換，又は共有	—	—

*1 及び *2 は "リスク低減プロセス" の部分ではない．

2.4 リスクアセスメントとリスク低減方策（保護方策）

　リスクアセスメントは，安全性確保のための最も基本的な作業の一つである．機械，化学，医療，電気などさまざまな分野で利用されており，特に，機械においては，産業機械，建設機械，工作機械等さまざまな分野において，オペレータ，作業者等の安全を確保し，災害を可能な限り低減するための方法として，重要な位置にある．

　リスクアセスメントの実施とリスク低減方策（保護方策）については，ISO/IEC Guide 51 のなかで規定されており，安全を達成するための方法論として，前述したようにリスクアセスメントの手順が示され，次いでリスク低減方策は，"保護方策" として，設計者側の方策は本質的安全設計方策，安全防護策，使用上の情報，使用者側の方策は追加保護方策，訓練，保護具，組織などに分類され，優先順位付けがなされて示されている．これらの規定は，機械，電気，化学，医療等，広範囲な分野の安全規格を作成するために使用することができ，また準じるべきものとして規定されている．

　例えば，機械分野では，機械を安全に設計するうえで，現在，もっとも広範囲で基本的な規格として知られる ISO 12100（EN 292，機械類の安全性―設計のための基本概念，一般原則，方法論）においても，ISO/IEC Guide 51 で規定されるリスクアセスメントとリスク低減方策（ISO 12100 は，設計者のための規格であるので，使用者側の方策は規定されない．）が，機械の安全設計の必須要求事項として位置付けられており，その他の ISO, IEC の国際安全規格においても，その重要性は変わらない．また，機械安全分野においては，リスクアセスメントに関する規格 ISO 14121（機械類の安全性―リスクアセスメントの原則）が 1999 年に発行されている．

　図 2.7 は，ISO/IEC Guide 51 と ISO 12100-1 のそれぞれが示すリスクアセスメントの手順である．

　ISO/IEC Guide 51 に示されるリスクアセスメントの手順を，**図 2.7 a)** に従って簡単に説明すると，まず，対象としている製品やプロセスなどの "意図す

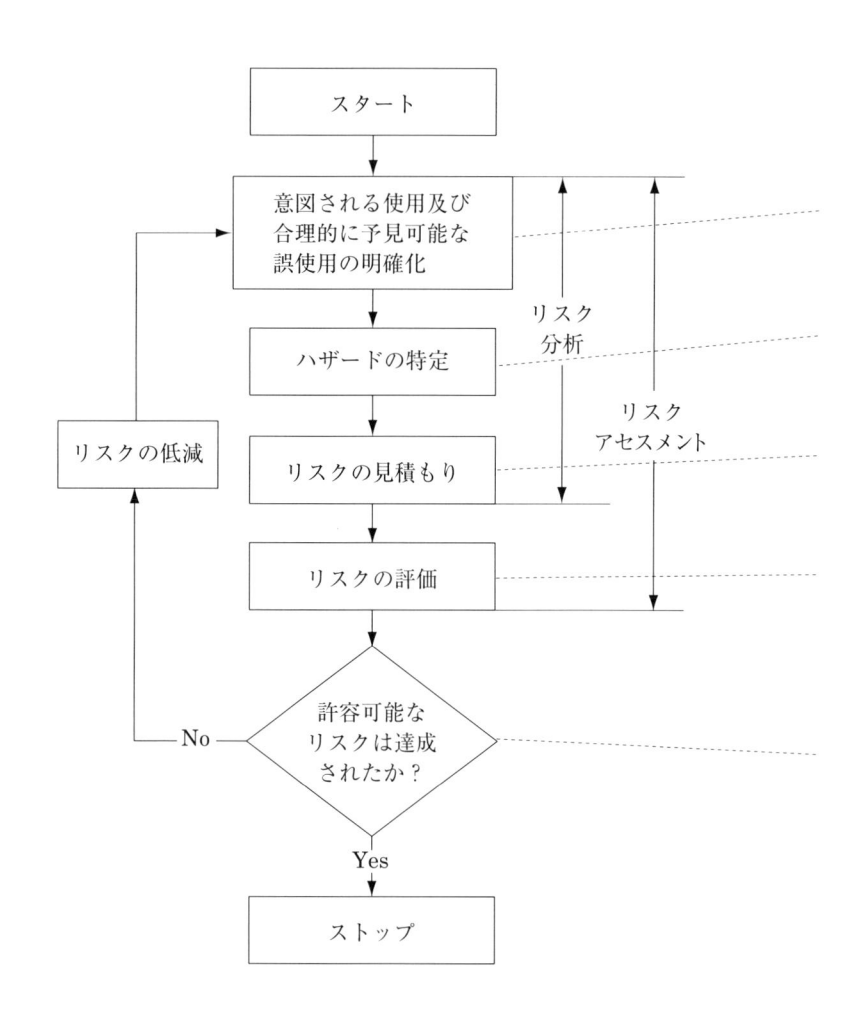

```
        ┌──────────┐
        │  スタート  │
        └────┬─────┘
             ↓
    ┌──────────────────┐  ←─────────┐  ←─────────┐
    │ 意図される使用及び │            │            │
┌──→│ 合理的に予見可能な │            │            │
│   │ 誤使用の明確化    │            │            │
│   └────────┬─────────┘            │            │
│            ↓                    リスク          │
│   ┌──────────────┐                分析          │
│   │ ハザードの特定 │                │          リスク
│   └──────┬───────┘                │         アセスメント
│          ↓                        │            │
│ ┌───────────┐  ┌──────────────┐   │            │
│ │リスクの低減│  │リスクの見積もり│  ←─────────┘            │
│ └───────────┘  └──────┬───────┘                │
│                       ↓                        │
│              ┌──────────────┐                  │
│              │  リスクの評価  │ ←─────────────┘
│              └──────┬───────┘
│                     ↓
│              ╱ 許容可能な ╲
└──── No ────┤  リスクは達成 │
              ╲ されたか？  ╱
                    │
                   Yes
                    ↓
              ┌──────────┐
              │  ストップ  │
              └──────────┘
```

a) ISO/IEC Guide 51 で示されるリスク低減プロセス[15)]

図 2.7 リスク

2.4 リスクアセスメントとリスク低減方策（保護方策） 51

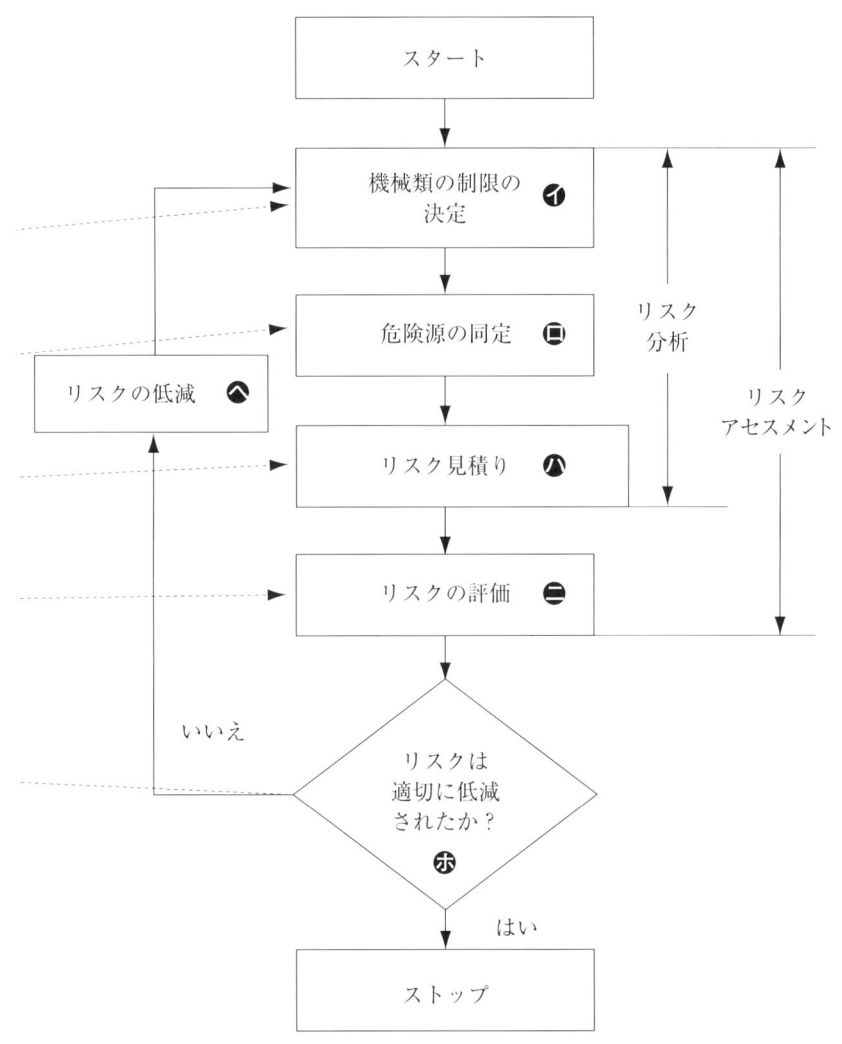

```
                    ┌─────────────┐
                    │   スタート    │
                    └──────┬──────┘
                           │
        ┌──────────────────▼──────────────┐
    ───▶│   機械類の制限の決定    ㋑      │───
        └──────────────────┬──────────────┘
                           │                  リスク
        ┌──────────────────▼──────────────┐   分析
    ───▶│    危険源の同定         ㋺      │
        └──────────────────┬──────────────┘   リスク
 ┌──────────┐              │                  アセスメント
 │リスクの低減 ㋩│           ▼
 └────▲─────┘    ┌──────────────────────┐
      │      ───▶│  リスク見積り    ㋥   │
      │          └──────────┬───────────┘
      │                     │
      │          ┌──────────▼───────────┐
      │      ───▶│  リスクの評価    ㋭   │
      │          └──────────┬───────────┘
      │                     │
      │いいえ           ◇───▼───◇
      └─────────────── リスクは
                       適切に低減
                       されたか？
                          ㋬
                           │はい
                    ┌──────▼──────┐
                    │   ストップ   │
                    └─────────────┘
```

b) ISO 12100-1 で示されるリスク低減プロセス（一部）[10]

低減プロセス

る使用及び合理的に予見可能な誤使用"を限定・明確にし，その限定範囲下で生じる可能性のあるハザード（危険源）を特定する．特定したハザードからどのくらいのリスクがあるかを見積もり，見積もったリスクは，リスクの低減が必要であるかどうかを最終的に決定（評価）する（許容可能なリスク以下であるかどうか決める）．許容可能なリスクまでリスクが下がっていない場合は，リスク低減方策により，許容可能なリスクレベルまでリスクを下げる必要があり，このプロセスは，許容可能なリスクが達成されるまで繰り返す必要がある．許容可能なリスク以下になったからといって，リスクがゼロになったわけではなく，リスクは残っていることを意味する．この残ったリスクは"残留リスク"と呼ばれる．

ISO/IEC Guide 51 で規定されるリスクアセスメントとリスク低減方策は，ISO 12100 に代表される機械安全規格でも採用されていることは，簡単に紹介したとおりである．では，この考え方が，実際にどのように機械安全規格に反映されているのであろうか．ISO 12100 と ISO 14121（以下，この章では，この両方の規格を同時に意味する場合は，"機械安全規格"とする）をもとに，リスク低減プロセスを説明する．なお，機械安全規格で使用される用語は，ISO/IEC Guide 51 で使用される用語とは多少異なっているため，まず，図 **2.7** に，ISO/IEC Guide 51 のリスク低減プロセス図［**図 2.7 a)**］と機械安全規格で使用される同様の図［**図 2.7 b)**］を対比して示す．

なお，ISO 12100 では，リスク低減方策は，設計者側での方策，つまり本質的安全設計，安全防護及び付加保護方策，使用上の情報（これら三つの方策を"3 ステップメソッド"という）に限定されるので，以降の説明で"リスク低減"，"リスク低減方策"，"保護方策"等の用語が出てきた場合には，設計者側の方策を意味していると考えていただきたい．

2.4.1　機械安全規格で規定されるリスクアセスメント

図 **2.7 a)** と図 **2.7 b)** で示されるフローには本質的な違いはないが，ISO 12100-1 では，対象を"機械類の安全性"に限定しているので，より詳細な記

2.4 リスクアセスメントとリスク低減方策（保護方策）   53

述になっている．そのため，一致しない用語が出てくる．

以降，図 **2.7** の❶から❺の説明について，適宜，図 **2.7 a)** と図 **2.7 b)** を対比しながら説明するが，まずは，リスクアセスメントの準備方法を示しておく．なお，図 2.7 の❻ "リスクの低減" は，リスクアセスメントの一部ではないため，2.4.2 にて説明をする．

(1) リスクアセスメントの準備

❶から❺のどのステップにも該当しないが，リスクアセスメントを実施するうえでは，準備作業として，リスクアセスメントを実施する当該製品などに関する必要な情報を収集することが必要である．次のような情報を収集することが求められる．

a) 機械類の詳細に関連する事項
   —使用者の別
   —想定される機械の仕様（機械類の全寿命のさまざまな局面の記述，設計図面又は機械類の性質を示す他の手段，要求される動力源及び接続方法）
b) 類似の機械類で，以前になされた設計の文書化
c) 利用可能な機械類の使用上の情報
d) 法規制，規格及び他の適用可能な文書に関連する事項（適用可能な法規制，関連する規格，関連する技術仕様，安全データシート）
e) 使用経験に関する事項［実際の又は類似の機械類の災害，事故又は機能不良履歴，放射（騒音，振動，埃(ほこり)，噴霧など），機械類によって使用される化学物質，処理される材料から生じる健康障害履歴］
f) 関連する人間工学原則

(2) 機械類の制限の決定（図 2.7 の❶）

図 **2.7 a)** では，"意図される使用及び合理的に予見可能な誤使用"にあたる．意図される使用とは，使用目的と使用条件を明確にすることを意味している．また，合理的に予見可能な誤使用とは，通常であれば，人はこのような誤った使用をするものだということ想定しておくことを意味する（**表 2.11** 参照）．

表 2.11 使用上の制限要素例

制限		制限要素例
使用上の制限	意図する使用 (人との相互作用 ／対象設計範囲)	(a) ライフサイクル上の相互作用： 　1) システム，構成，2) 運搬，3) 組立及び据付，4) 検収，5) 使用状態，6) 使用停止，分解
		(b) 機能不良に伴う相互作用： 　1) 加工品の特性，寸法・形状の変化，2) 構成部品又は機能故障，3) 衝撃，振動，電磁妨害，温度，湿度など環境変化，4) ソフトウェア上の誤りを含めて設計誤り又は設計不良，5) 動力供給異常，電源変動，6) 機械の据付やジャミングなど機械近傍の状況変化
		(c) 対象とする人： 　1) オペレータ，技術者，見習い／初心者，2) 性別，年齢，利き手，障害者，3) 機械の周辺作業者，監督者，監視役，4) 第三者
	合理的に予見可能な誤使用（機械の合理性の欠如）	(a) オペレータによる操作不能の発生 (b) 機能不良，事故発生時の人の反射的な挙動 (c) 集中力の欠如又は不注意による機械の操作誤り (d) 作業中での近道反応による被災 (e) 第三者の行動
	予期しない起動	(a) 制御システムの故障やノイズなど外部からの影響による起動指令で生じる起動 (b) センサや動力制御要素など，機械の他の部分での不適切な扱いにより生じる起動 (c) 動力中断後の再復帰に伴う起動 (d) 重力や風力，内燃機関での自己点火など，機械への外部又は内部からの影響による起動 (e) 機械の停止カテゴリ（IEC 60204-1）

(参考) 停止には，三つのカテゴリがある．
　　　カテゴリ0：機械アクチュエータの電源を直接遮断することによる停止
　　　カテゴリ1：機械アクチュエータが停止するために電力を供給し，その後停止したときに電源を遮断する制御停止
　　　カテゴリ2：機械アクチュエータに電力を供給したままにする制御停止

機械安全規格では，"機械類の制限"を決定することが要求されている．これは，当該機械の特徴と使用目的を明確にすることを意味する．"機械類の制限"は，"使用上の制限"，"空間上の制限"，"時間上の制限"の三つの制限に分類され，それぞれを明確化することが要求される．"意図する使用"と"合理的に予見可能な誤使用"は，機械安全規格では，"使用上の制限"で明確にすることが規定されている．

▶ **使用上の制限：**

使用上の制限は，"意図する使用"及び"合理的に予見可能な誤使用"を明確にすることを意味する．簡単にいえば，使用目的と使用条件を明確にすることである．これを検討するうえで，考慮すべき要件として，ISO 14121（機械類の安全性―リスクアセスメントの原則）では，次が示されている．

a) 機械の各運転モード及びさまざまな介入手順
 ―通常運転，機能不良の修正，保全，修理など

b) 性別，年齢，利き手又は身体的能力の限界（例えば，視覚又は聴覚の減退，体型，体力など）によって特定される人による機械の使用範囲（例えば工業用，非工業用及び家庭用など）

c) 機械使用者の訓練，経験，能力レベル
 ―オペレータ
 ―保全要員又は技術者
 ―見習い及び初心者
 ――一般大衆

d) 機械類に付随する危険源に第三者が暴露されること（合理的に予見可能な場合）
 ―周辺地域で作業するオペレータ．例えば，隣接する機械類のオペレータ（例えば，特別の危険源によく気がつく人）．
 ―周辺地域のオペレータではない被雇用者．例えば，管理スタッフ（特別の危険源にはほとんど気がつかないが，サイトの安全手順，決められたルートにはよく気がつく人）．

―周辺地域の被雇用者ではない人．例えば，訪問者（機械の危険源，又はサイトの安全手順に，ほとんど気づかない人），子どもを含む一般人．

"意図する使用"と"合理的に予見可能な誤使用"

表 2.3 で ISO/IEC Guide 51 の定義を紹介したが，この定義は，機械以外の製品やサービス，プロセスなど広範囲を網羅したものであるため，ISO 12100-1 では ISO/IEC Guide 51 の定義を"機械"，"設計"に限定し，次の定義をしている．

> ・機械の"意図する（される）使用"：
> 　使用上の指示事項の中に提供された情報に基づく機械の使用．
> ・合理的に予見可能な誤使用：
> 　設計者が意図していない使用法で，容易に予測できる人間の挙動から生じる機械の使用．

例えば，両手操作制御装置で制御するプレス機械の場合は，人間の手などが押しつぶされることを防止するために，加工対象物を金型の上に置いて加工している間は，作業者が，制御装置の二つのボタンを両手で操作することによってのみ加工作業を行うことを"意図する使用"として想定している．その場合でも，作業者が，作業効率化のため，片方の制御装置に重石を載せてボタンを押したままの状態にして片手運転をしたり，あるいは片方の腕のひじと手で制御装置を運転したりすることは，合理的に予見可能で過去の事例からも明らかである（図 2.8 参照）．

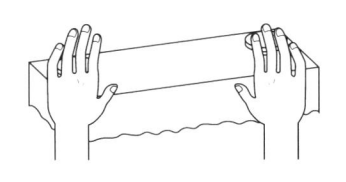

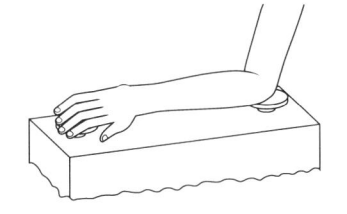

2.4 リスクアセスメントとリスク低減方策（保護方策）   57

a) 意図する使用（通常の使用）　　b) 合理的に予見可能な誤使用

図 2.8　両手操作制御装置の意図する使用と合理的に予見可能な誤使用

▶ 空間上の制限：

　空間上の制限とは，当該機械の可動範囲，機械の設置及び保全のための空間，オペレータと機械の間のインタフェース，機械と動力供給の間インタフェースなどを決定することを意味する．簡単にいえば，機械のレイアウトを決めることである．空間上の制限の要素例を，**表 2.12** に示す．

表 2.12　空間上の制限要素例

制限		制限要素例
空間上の制限	機械の動作範囲	アクチュエータの可動範囲，及びその可動速度又は運動エネルギー
	オペレータ—機械間インタフェース	機械の大きさに適した使用場所，操作パネルの位置，オペレータの作業範囲，保守時の点検／修理スペース，点検部位へのアクセス，工具や加工物の放出，機械のレスポンスタイム
	機械—動力間インタフェース	機械可動部の過負荷対応，異常時のエネルギー遮断，蓄積エネルギーの消散，捕捉時の救出
	作業環境	階段，はしご，手すりの設置，プラットホーム

▶ 時間的な制限：

　時間上の制限とは，機械類やそのコンポーネント（工具，劣化部品，電気コンポーネントなど）の寿命限界を考慮することであり，例えば，当該機械の運転寿命や部品の劣化などを考慮した交換寿命，機械の清掃間隔などを決定する

ことである．時間的な制限の要素例を表 2.13 に示す．

表 2.13　時間的な制限要素例

制限		制限要素例
時間制限の上限	機械的制限	加工用の砥石（といし）やドリルなど工具の交換時期，可動部のベアリングや油空圧部品のシール寿命
	電気的制限	絶縁劣化，接点寿命，配線被覆の摩耗，接地線の外れ

▶ その他の制限：

　a）環境面

　　　（推奨最低及び最高温度，機械が使用されるのは室内か室外か，直接日光を浴びるか，埃及び湿気などに耐性はあるかなど．）

　b）掃除レベル

　　　（要求される清掃レベル）

　c）処理材料の特性

(3)　**危険源の同定**（図 2.7 の●）

図 2.7 a）では"ハザードの特定"にあたる．機械安全規格では，聞き慣れない言葉であるが，hazard を"危険源"，identification を"同定"と訳したものである．

①　**危険源とは**

危険源とは，危害を生じる可能性のある原因のことを指す言葉であり，危険源があるからといって，即，事故や災害が起こり危害が発生するということを意味しているのではない．図 2.5 及び後述の図 2.9 で，危険源から危害に至るプロセスが示されているように，危険源が存在したとしても，そこに接近する人がいなければ，危害の発生に至ることはない．あくまで危険の源である危険源と人が共存している状態，つまり危険状態がなければ，危害に至ることはない．次に，危険状態が存在すると，即，危害に至るかというと，これも必ずしも危害に至るとは限らない．危険状態にあるところに危険事象が発生して，はじめて危害に至ることとなる．

これらの関係を機械と人に置き換える場合については，次のようなたとえが

2.4 リスクアセスメントとリスク低減方策（保護方策） 59

イメージしやすいように思う．

　ロボットのティーチング作業のように，ロボットと人が共存する状態を考えてみる．ロボットには，ワークピースを運んだり，溶接したりするためのアームが供えられている．そのアームが人にぶつかれば，ロボットアームの力により，けがをするか，最悪の場合，死亡する可能性がある．この場合，ロボットアームは，機械的危険源となる．通常，人がけがをしないように，ロボットアームの速度を遅くするなど，ティーチングモード等が備えられており，けがをする可能性は低くなっているが，ソフトウェアの誤りや人の誤操作などで，ロボットが誤作動するような事態が発生することがある．このような場合，運よく，ロボットアームをよけることができれば危害に至ることはないが，通常は人間が回避できない速度で動くので，アームに衝突し危害に至ることとなる．この例を，**図 2.5**（危害発生のプロセス）に従って，危険源，危険状態，危険事象，危害に分類すると，**図 2.9** のようになる．

　図 2.9 でも表されているように，危険源はあくまで危険の源というだけで，それ自体が存在することによって，危害を受ける，けがをするということを意味するのではない．

　なお，危険源が危害に至るまでの形態には，大きく分けると次の二つがある．

　　A. 人と危険源（危険状態）　**危険事象**〉Harm（傷害）となる．

　　B. 人と危険源（危険状態）　**時　間**〉Harm（健康障害）となる．

　A は，上述のロボットの例で危害に至る場合であり，B は，例えば，機械から放出される危険物質やチェーンソーの振動などから危害を受ける形態である．有害物質を吸引したことにより，即，死に至る例もあるが，通常は，長期間にわたって有害物質を吸引し，蓄積されることにより健康障害を引き起こす．チェーンソーの振動も同様で，その振動を長期間にわたって受け続けると振動病などを引き起こすこととなり，A とは危害に至る形態が違っていることを示している．

　ISO 12100-1 では，"危険源" は次のように定義されている．**本書 2.1.3** で

60　第 2 章　ISO/IEC Guide 51 の精神

```
危 険 源：ロボットアームの動き
危険状態：ティーチングのため，ロボットと人が
　　　　　共存している状態
危険事象：ティーチングモードで作業していたに
　　　　　もかかわらず，ソフトウェアの誤りあ
　　　　　るいは誤操作などで，ロボットアーム
　　　　　が通常運転時の速度で突然動き出す．
危　　害：ロボットアームに人が衝突し，けがを
　　　　　する．
```

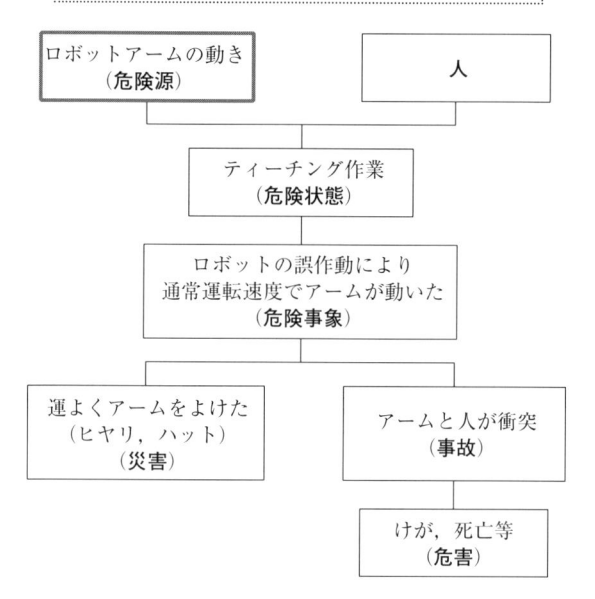

```
[ロボットアームの動き      [人]
 （危険源）]
          ↓
    [ティーチング作業
     （危険状態）]
          ↓
    [ロボットの誤作動により
     通常運転速度でアームが動いた
     （危険事象）]
     ↓              ↓
[運よくアームをよけた]  [アームと人が衝突
 （ヒヤリ，ハット）      （事故）]
   （災害）              ↓
                   [けが，死亡等
                    （危害）]
```

図 2.9　ロボットティーチング作業における危険源，危険状態，危険事象，危害の例

示した ISO/IEC Guide 51 の定義と表現は異なるものの，同じことを意味している．ただし，ISO 12100 は，人の危害のみを取り扱う点で異なる．

─────────────────── ISO 12100-1:2003　3.6 より ──

危険源（Hazard）：
　危害を引き起こす潜在的根源．
　備考 1．"危険源"という用語は，その発生源（例えば，機械的危険源，
　　　　　　電気的危険源）を明確にし，又は潜在的な危害（例えば，感電

の危険源，切断の危険源，毒性による危険源，火災による危険源）の性質を明確にするために適切である．
2. この定義において，危険源は，次を想定している．
— 機械の"意図する使用"の期間中，恒久的に存在するもの（例えば，危険な動きをする要素の運動，溶接工程中の電弧，不健康な姿勢，騒音放射，高温）又は
— 予期せずに現れ得るもの（例えば，爆発，意図しない及び予期しない起動の結果としての押しつぶしの危険源，破損の結果としての放出，加速度又は減速度の結果としての落下）

参考 ハザード（hazard）を"危険源"という．

② 同定とは

"同定（identify）"は，漢字が表すとおり，"同じものとして定める"ことを意味している．では，何と比較して同じものとして定めるのかというと，危険源リストと比較して同じものとして定めることを意図しているという考え方を表している．危険源リストは，無作為に危険源を発見して羅列するものではなく，過去の経験，科学的分析に基づいて作成されるものであり，そのリストをもとにして確認する作業であることを明示するために，少々聞き慣れない言葉ではあるが，"同定"を使用している．Identify を"特定"と訳す場合もあるが，ここでは上の意味を含めて同定を用いている．

なお，"危険源の同定"の代わりとして，さまざまな分野で，いろいろな用語が使用されている．例えば，"ハザードの特定"，"潜在危険の特定"，"危険性の特定"などである．

③ 危険源の同定方法

以上，用語の説明をしたが，次に機械安全規格で規定される"危険源の同定"方法を説明する．

危険源の同定は，リスクアセスメントのステップの中でもっとも重要なステ

ップといってよいであろう．この段階で機械に付随する危険源を見落とすと，それへの対策を打つことができなくなるからである．

　危険源の同定は，機械の通常運転中だけでなく，機械の製作，運搬，組立及び設置，検収，使用停止，分解及び安全上問題がある場合には廃棄処分までを含む機械の寿命上のすべての局面を考慮し，危険源から危害に至るシナリオを想定して，当該機械に付随するすべての危険源，危険状態及び危険事象を同定し，危険源リストを作成することが目的である．このリストを作成する場合，機械安全規格では，一般的な危険源リストが ISO 14121 の附属書 A（**本書の付録 4**）で示されている．危険源の同定を実施する場合の有益な情報源である．

A. チェックリスト法

　ISO 14121，附属書 A（**本書の付録 4**）などを使用して，当該機械の危険源を探し出す方法．ISO 14121 で示されるリストは，一般的なものであるので，危険源同定のための基礎として使用するのがよい．

　なお，危険源の同定の段階で危険源が見落とされると，結果として危害に至ることになるので，危険源を同定する場合は，システマティックで，包括的な危険源分析の手法を用いることが望ましい．その危険源分析の方法には，演繹的方法（トップダウンアプローチ）と帰納的方法（ボトムアップアプローチ）の二つがある．

　演繹的方法とは，危害の発生という最終事象を仮定し，この最終事象を引き起こすと考えられる事象を逆に探し出す方法である．これと逆の方法は，帰納的方法と呼ばれる．帰納的方法とは，機械の故障を想定し，この故障が引き起こすと考えられる事象を探し出す方法である．

　図 2.10 に示すとおり，危害から危険源を探し出す方法が演繹的方法（トップダウンアプローチ）であり，逆に，危険源から危害を探し出す方法が帰納的方法（ボトムアップアプローチ）である．

2.4 リスクアセスメントとリスク低減方策（保護方策）

```
         危　害
           │
         危険事象
           │
         危険状態
          ╱  ╲
       危険区域　人
          │
         危険源
```
トップダウンアプローチ ←→ ボトムアップアプローチ

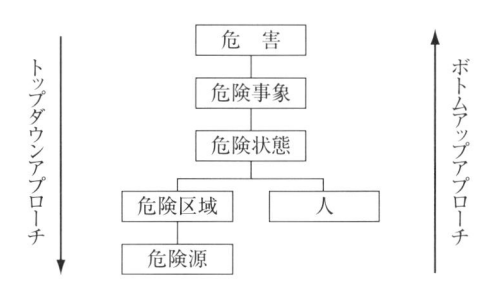

図 2.10 演繹的方法と帰納的方法のイメージ

次に，演繹的方法と帰納的方法の代表的な手法を紹介する．

B. 演繹的方法： FTA など

演繹的方法としては，FTA（Fault Tree Analysis, 故障の木解析）が一般的である．**表 2.14** にその定義と概要をまとめた．

C. 帰納的分析法： FMEA, PHA など

帰納的方法としては，FMEA（Failure Modes and Effects Analysis, 故障モード及び影響分析）や PHA（Preliminary Hazard Analysis, 予備危険源分析）が一般的である．**表 2.15** に，FMEA の定義と概要をまとめた．

(4) リスク見積もり（図 2.7 の❹）

(a) リスク要素

機械安全規格でも，**図 2.7 a)** の"リスク見積もり"と同じ用語が使用されている．ISO 12100 では，機械類の制限の決定からリスク見積もりまでを含めてリスク分析と呼ばれている．

危険源の同定後には，個々の危険源についてリスクの大きさを見積もる必要がある．見積もりの際には，危害のひどさ（**図 2.11** の**A**），危害の発生確率（**図 2.11** の**B**）の二つの要素を考慮する（**図 2.11** の関係は，ISO 14121 でも示されている）．

なお，リスク見積もりには，インデックス，スコアなどでリスクの大きさを示すためのさまざまな方法がある．

表 2.14　FTA[20]

定　義	あるアイテムにおいて，各下位アイテムに存在し得るフォールトモード＊の調査，並びにその他の下位アイテム及び元のアイテム，さらに，上位のアイテムの要求機能に対するフォールトモードの影響の決定を含む定性的な信頼性解析手法. ＊(ある要求機能に対して，フォールトをもつアイテムのとり得る状態.)
ツールの概要	FTAは，システム全体の特定欠陥事象の発生要因を遡及的に解析するための定性的あるいは定量的な手法である．システムの欠陥事象（トップ事象）を設定し，関連するサブシステムや構成品などの，原因とみなされる下部事象と論理記号を用いてFT図を作成し，さらに基本事象に故障の発生確率を割り付けてトップ事象の発生確率を定量的に求めることが可能である．FTAは，1960年代初期に米国の大陸間弾道ミサイルの開発段階において，ミサイル打ち上げ管制システムの安全性を評価するためにベル通信研究所が開発し使用したのが始まりとされており，日本でも，自動車や電気機器などの設計開発に多くの適用例がある． FTAの手順は通常，次の四つのプロセスで構成される． 1) 対象システムとトップ事象（欠陥事象）を決定する． 2) トップ事象の発生原因となる1次中間事象を求め，トップ事象と論理記号を用いて結合する． 3) 中間事象について2)と同様の検討を行う． 4) 下位事象が基本事象となれば中止し，FT図を完成させる．
利用者	設計者，生産技術者，管理者など
利用段階	企画段階
利用目的	システムの欠陥事象の原因系を定性的・定量的に把握する
必要な情報 （入力情報）	トップ事象，中間事象，基本事象の特定と，各事象間の因果関係（論理和及び論理積），基本事象の発生確率
得られる情報 （出力情報）	対象製品の設計，生産技術，コスト，信頼性などの点から見た，取り組むべき重要な点
利用にかかわるメリット及びデメリット	《メリット》 ・トップ事象の発生経路を明確にし，致命的事象を特定できる． ・各基本事象の発生確率が既知の場合は，トップ事象の発生確率を計算することができる． ・トップ事象の発生に対する各基本事象の寄与度を把握できる． 《デメリット》 ・トップ事象発生の原因となる事象のみについて分析するため，トップ事象に無関係な中間，基本事象については解析できない．

2.4 リスクアセスメントとリスク低減方策（保護方策）

表 2.15 FMEA[20]

定　義	下位アイテム又は外部事象，もしくはこれらの組合せのフォールトモードのいずれかが，定められたフォールトモードを発生させ得るかを決めるための，FTA 形式で表された解析．
ツールの概要	FMEA は，製品の潜在故障モードを摘出し，その故障がシステムに及ぼす影響を順次考察して，定性的に評価し，システムの信頼性の問題点及び必要な対策を導出するための手法である． 米国のアポロ計画において，信頼性及び安全性の評価に用いられ成果をあげたことにより広く知られるようになり，現在では，自動車や航空機などの設計開発をはじめとする幅広い分野で適用例がある． FMEA の手順は通常，次の五つのプロセスで構成される． 1) 解析対象とするシステム，及びそれを構成する部品や要素を決定する． 2) 各故障モードの発生頻度，影響度を評価するための基準を決定する． 3) 具体的な故障モードを列挙し，その影響を記述する． 4) 2) の評価基準に基づき故障モードの影響解析を行い，各要素の重要度（"発生頻度×影響度" 等として定義する）を評価する． 5) 重要度に応じて，各要素に必要な対策を検討する．
利用者	設計者，生産技術者，管理者など
利用段階	企画段階
利用目的	システムの信頼性の問題点及び必要な対策を導出する
必要な情報 （入力情報）	設計対象の仕様，類似製品等の故障事例データ，重要度に関する判断指標，対策案
得られる情報 （出力情報）	重要度の高い故障モードの特定と，その改善のための対策
利用にかかわるメリット及びデメリット	《メリット》 ・ハードウェアの単一故障の解析に適している． ・構成品すべてについて，故障の検討ができる． ・不適切が判明した設計には，その時点で改善を図ることが可能であるため，開発費用と開発期間が削減できる． ・設計段階だけでなく，製作工程，検査工程の改善などにも応用可能 《デメリット》 ・定量的な評価には適さない．

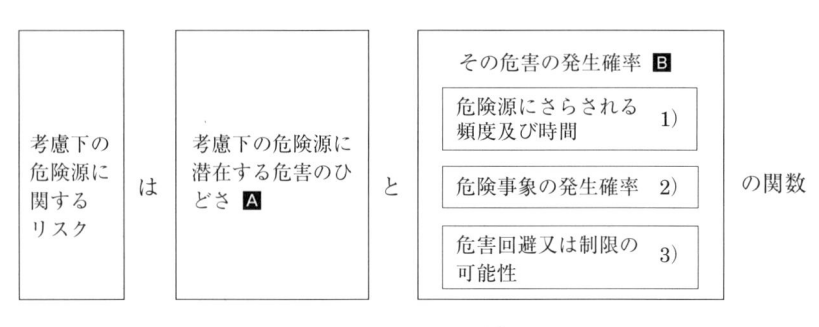

第2章 ISO/IEC Guide 51 の精神

```
┌──────────┐      ┌──────────┐      ┌─────────────────────┐
│考慮下の   │      │考慮下の危険源に│      │その危害の発生確率 B │
│危険源に   │  は  │潜在する危害のひ│  と  ├─────────────────────┤   の関数
│関する     │      │どさ A         │      │危険源にさらされる  1)│
│リスク     │      │               │      │頻度及び時間          │
│          │      │              │      ├─────────────────────┤
│          │      │              │      │危険事象の発生確率  2)│
│          │      │              │      ├─────────────────────┤
│          │      │              │      │危害回避又は制限の  3)│
│          │      │              │      │可能性                │
└──────────┘      └──────────┘      └─────────────────────┘
```

図2.11 リスク要素

Aの危険源に潜在する危害のひどさとは，ある危険源が顕在化したときに，人が被る危害の程度を意味している．例えば，一人死亡するのか，複数の人が死亡するのか，あるいは腕や手がなくなってしまうのか，脚が動かなくなるのか，又はかすり傷程度で済むものなのかなどを意味する．

Bの危害の発生確率とは，例えば，その危害は100年に1回起こるのか，10年に1回起こるのか，あるいは1年に1回起こるものなのかなど，危害の起こる頻度を意味している．この危害の発生確率を見積もるためには，①暴露の頻度，②危険事象の発生確率，③危害回避又は制限の可能性の3要素を考慮することが必要とされる．

① 暴露の頻度

ある危険な状態に人がさらされる回数と時間のことである．

さらされる回数とは，1時間に1回か，8時間に1回か，10日に1回か，あるいは全くさらされることはないのかということを意味しており，さらされる時間とは，瞬間的か，数十秒程度，数分程度の比較的短時間か，あるいは数時間，数か月間，数年間など長期にわたるものなのかということを意味している．

② 危険事象の発生確率

故障等により，実際に危害に至る出来事がどのくらいの頻度で起こるのか（危険側故障率）を意味している．

上で説明したロボットティーチング作業の例でいうと，ロボットの誤

2.4 リスクアセスメントとリスク低減方策（保護方策） 67

作動により通常運転速度で予期せずアームが動くなどの出来事が発生する頻度である．

③ 危害回避又は制限の可能性

"危害の回避の可能性"とは，危険事象が発生した際，危害に至らないように回避できる可能性をいう．

危害に遭うかもしれない人が熟練者である場合には，過去の経験から瞬間的に機械の異常状態・動作を察知して回避できる可能性もあるであろうし，また，熟練者でなくても，その人の身体的能力（敏捷性や反射的動作など）により回避できる可能性もあるであろう．また，機械の異常状態・動作を直接的に監視できる場合や，警告表示，表示装置などで機械の異常状態・動作を監視できる場合や，非常停止が有効な場合などは，危害を回避できる可能性がある．

さらに，危害に至る事象の発生速度も影響する．例えば，ロボットのティーチング作業では，ロボットアームの速度がもともと遅いものであれば，異常動作に気づき，アームとの衝突を避けることができる可能性があるが，人間の身体能力を超えた速度で動くということであれば，回避することはほとんど不可能であろう．爆発等の場合には，回避する時間的ゆとりは全くない．

"危害の制限の可能性"は，危害が起こったとしてもその影響範囲を最小限にとどめる可能性があるかどうかをいう．

例えば，複数の人がガードで囲われた空間で何らかの作業をしており，機械の誤動作が起こった場合，複数の人に危害が及ばないように最小限の犠牲で済むように対策を講じるなどが考えられる．

図 2.11 に示した①の危害のひどさ，及び②の危害の発生確率の見積もりは，表 2.16 の要件を配慮する必要がある．

表 2.16 に示すリスク要素を設定するために考慮すべき側面としては，①危険源にさらされる人（オペレータのほかに機械に影響を受けると合理的に予見可能な人），②危険源にさらされること，及び，さらされることから派生する

表 2.16 危害のひどさ（強度）及発生確率並びにその要件

		考慮すべき要件
A 考慮下の危険源に潜在する危害のひどさ		
		a) 保護対象の性質（人，財産，環境） b) 傷害又は健康障害の強度（軽い，重い，死亡） c) 危害の範囲（個別　機械の場合，一人，複数）
B 危害の発生確率		
	1) 危険源にさらされる頻度及び時間	a) 危険区域への接近の必要性 b) 接近の性質 c) 危険区域内での経過時間 d) 接近者の数 e) 接近の頻度
	2) 危険事象の発生確率	a) 信頼性及び他の統計データ b) 事故履歴 c) 健康障害履歴 d) リスク比較
	3) 危害回避又は制限の可能性	a) 誰が機械を運転するか b) 危険事象の発生速度 c) リスクの認知 d) 危害回避又は制限の人的可能性 e) 実際の体験及び知識による

影響，③ヒューマンファクタ，④安全機能の信頼性，⑤安全方策の維持能力，⑥安全方策の無効化又は不使用の可能性などがあげられる．

(b) リスク見積もりのツール

　リスク見積もりは，危害のひどさと危害の発生確率の二つの要素でリスクの大きさを見積もることを説明した．危害の発生確率については，災害履歴，機械の信頼性データなどを基に定量的に算定することが可能である．なお，危害のひどさについては，主観的な価値判断が入るために定量的に算定することが難しく，厳密に数値化することは不可能と思われる．次に紹介するリスク見積もりツールについても，定性的な見積もりツールである．

　リスク見積もりには，いくつかのツールが利用可能であり，どのツールを利用するかは各人の考え方や対象とする機械によりそれぞれ異なる．代表的なも

2.4 リスクアセスメントとリスク低減方策（保護方策）

のを次に示す．

① リスクマトリックス

危害の発生確率と危害のひどさを定性的に見積もる手法である．それぞれの要素は，4分類する場合，6分類する場合などさまざまである．この例は，ANSI B 11 や IEC 61508 で示されている（例1の**表2.17**及び例2の**表2.18**を参照）．

例1

表2.17　ANSI B 11 の例

危害の発生確率	危害のひどさ			
	致命的 (catastrophic)	深刻 (serious)	中程度 (moderate)	軽微 (minor)
確定的 (very likely)	高 (high)	高 (high)	高 (high)	中 (medium)
起こり得る (likely)	高 (high)	高 (high)	中 (medium)	低 (low)
起こりそうにない (unlikely)	中 (medium)	中 (medium)	低 (low)	ネグリジブル (negligible)
起こり得ない (remote)	低 (low)	低 (low)	ネグリジブル (negligible)	ネグリジブル (negligible)

致命的（catastrophic）：死亡又は永久的な傷害若しくは疾病（仕事に戻れない）
深刻（serious）：重大な傷害又は疾病（ある時点では，仕事に戻れる）
中程度（moderate）：応急処置以上が必要とされる重大な傷害又は疾病（同じ仕事に戻れる）
軽微（minor）：応急処置以上を必要としない傷害がない，又は軽微な傷害（ほんのわずか，又は全く仕事の時間に支障がない）
確定的（very likely）：起こることがほぼ確実
起こり得る（likely）：起こる可能性が高い
起こりそうにない（unlikely）：ほとんど起こりそうにない
起こり得ない（remote）：ゼロに近いくらい起こりそうにない

例2

（**表2.18**参照．）

② リスクグラフ

ツリー形式で示される方法で，想定される危害のひどさ，危険源／危険事象／危険状態にさらされる頻度，危険事象の発生確率，回避の可能性などがリスクパラメータとなる．この方法は，ISO 13849-1 や厚生労働省の "**危険性又は有害性等の調査等に関する指針**" 等で示されている（例1の**図2.12**及び

表 2.18 IEC 61508 の例 [13]

頻度	結　果			
	破局的な (catastrophic)	重大な (critical)	軽微な (marginal)	無視できる (negligible)
頻繁に起こる (frequent)	I	I	I	II
かなり起こる (probable)	I	I	II	III
たまに起こる (occasional)	I	II	III	III
あまり起こらない (remote)	II	III	III	IV
起こりそうもない (improbable)	III	III	IV	IV
信じられない (incredible)	IV	IV	IV	IV

等級 I 　許容できないリスク．
等級 II 　好ましくないリスク．リスク軽減が，非現実的すなわち，リスク軽減にかかる費用対効果比が著しく不均衡であるときだけ許容しなければならない好ましくないリスク．
等級 III 　リスク軽減にかかる費用が得られる改善効果を超えるときに許容できるリスク．
等級 IV 　無視できるリスク．

例 2 の図 **2.13** を参照）．

2.4 リスクアセスメントとリスク低減方策（保護方策） 71

例 1

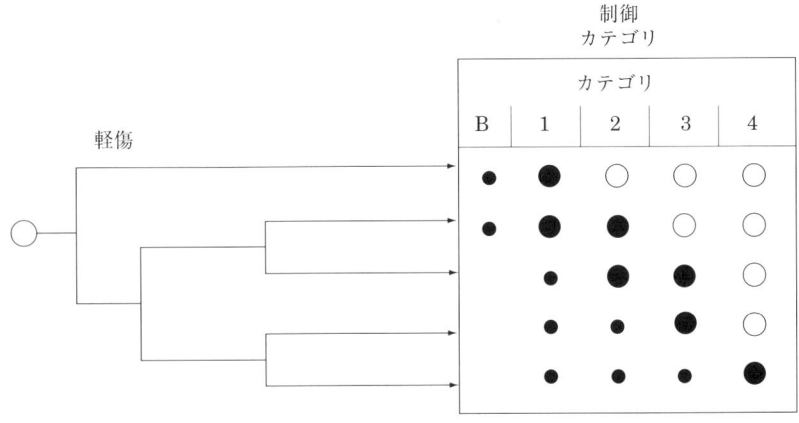

S (Severity of the harm) 危害の程度	F (Frequency) 危険源にさらされる頻度又は時間	P (Probability) 危険源の回避可能性，又は危害を抑える可能性
S1 ＝ 軽微	F1 ＝ まれから低頻度，又はさらされる時間が短い	P1 ＝ ある条件では可能
S2 ＝ 過酷	F2 ＝ 高頻度から連続，又はさらされる時間が長い	P2 ＝ ほとんど不可能

カテゴリ：不具合（障害）に対する抵抗性（フォールト・レジスタンス），及び不具合（障害）条件下の挙動に関する制御システムの安全関連部の分類．
● 基準点として推奨されるカテゴリ
● 追加方策を要求することもあり得るカテゴリ
○ 関連するリスクに対して程度を超える方策

図 2.12　ISO 13849-1:1999 で示されるリスクグラフと安全方策カテゴリとの組合せの例

例 2

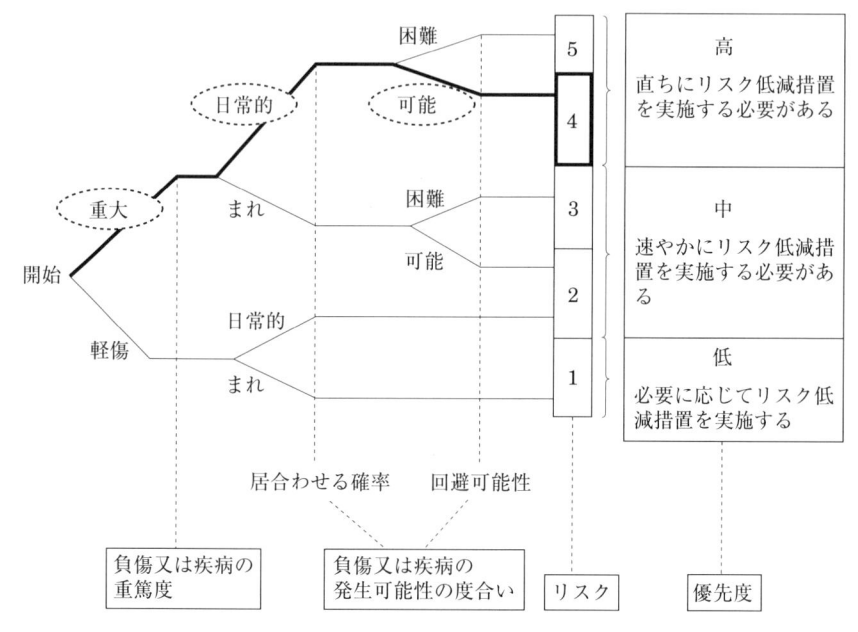

```
                        困難 ┐
                  ┌─────────┤ 5  ┐ ┌──────────────┐
         (日常的)─┤  (可能) │    │ │ 高           │
                  │         ├─ 4 │ │ 直ちにリスク低減措置 │
                  │         │    │ │ を実施する必要がある │
   (重大)────┐    │         │    ┘ └──────────────┘
            │ まれ│    困難 │ 3  ┐ ┌──────────────┐
            │     │         │    │ │ 中           │
開始 ───────┤     │    可能 │    │ │ 速やかにリスク低減措 │
            │                │ 2  │ │ 置を実施する必要があ │
            │ 日常的          │    │ │ る           │
   軽傷 ────┤                │    ┘ └──────────────┘
            │ まれ           │ 1    ┌──────────────┐
                                    │ 低           │
                                    │ 必要に応じてリスク低 │
                                    │ 減措置を実施する │
                                    └──────────────┘

        負傷又は疾病の    居合わせる確率  回避可能性
        重篤度           負傷又は疾病の          リスク  優先度
                         発生可能性の度合い
```

図 2.13 厚生労働省"危険性又は有害性等の調査等に関する指針"で示される例

③ スコアリング

リスクマトリックスやリスクグラフと同様の方法であるが，リスクレベルを数字で表す方法である．危害の発生確率のスコア（例の**表 2.19-1** 参照）に危害のひどさのスコア（例の**表 2.19-2** 参照）を加算し，出たリスクスコア（例の**表 2.19-3** 参照）によりリスクレベルを示す．危害のひどさのパラメータと危害の発生確率のパラメータは，最終的には，定性的な判断に基づく．なお，ここではスコアを加算で求める例をあげたが，乗算を用いる場合もある．

2.4 リスクアセスメントとリスク低減方策(保護方策)

例

表 2.19-1 危害のひどさのスコアリング

	危害のひどさのスコア
致命的 (catastrophic)	SS≥100
深 刻 (serious)	99 ≥ SS ≥ 90
中程度 (moderate)	89 ≥ SS ≥ 30
軽 微 (minor)	9 ≥ SS ≥ 0

表 2.19-2 危害の発生確率のスコアリング

	危害の発生確率のスコア
確定的 (very likely)(likely or certain to occur)	PS ≥ 100
起こり得る (likely can occur)(but not probable)	99 ≥ PS ≥ 70
起こりそうにない (Unlikely)(not likely to occur)	69 ≥ PS ≥ 30
起こり得ない (Remote)	29 ≥ PS ≥ 0

確定的 (very likely):起こることがほぼ確実
起こり得る (likely):起こる可能性が高いが,確実ではない
起こりそうにない (unlikely):起こる可能性は高くない
起こり得ない (remote):ゼロに近いくらい起こりそうにない

表 2.19-3 リスクスコア

―	高 (high)	> 160
159 >	中 (medium)	> 120
119 >	低 (low)	> 90
89 >	ネグリジブル (negligible)	> 0

(5) リスクの評価とリスク基準(図 2.7 の●,●)

図 2.7 a) の"リスク評価"にあたり,用語もほぼ同一であるが,リスク評価＝リスクアセスメントと誤解を生じるおそれがあるため,機械安全規格では,"リスクの評価"とされている.

リスクの評価は,リスク見積もりの後,許容可能なリスクが達成されているかどうか,適切にリスクが低減されているかどうか,判断基準となるリスク基準に基づいて決定するために要求される.その評価の結果,許容可能なリスク

が達成されている，あるいはリスクが適切に低減されていればよいが，リスク低減が必要とされた場合には，適切な保護方策を選定し，リスクアセスメントの六つの手順を反復しなければならない．

リスクの評価を実施するうえで重要となるのは，リスク基準であるが，ISO/IEC Guide 51 では，この基準を"許容可能なリスク"として表現している．ここで再確認しておくが，安全の定義は次であった．

―― ISO/IEC Guide 51:1999 3.1 より ――
安全（safety）：
  受容できないリスクがないこと．

つまり，"安全"とは，"受け入れ不可能なリスクがないこと"であり，いくらかリスクは残ることを前提としている．図 2.14 は，許容可能なリスクと安全の関係を表したものである．図 2.14（図 2.4 も参照）では，受け入れ不可能なリスクより低いリスクが，リスクの大きさ順に，"許容可能なリスク"，"受け入れ可能なリスク"の 2 段階で示されている．

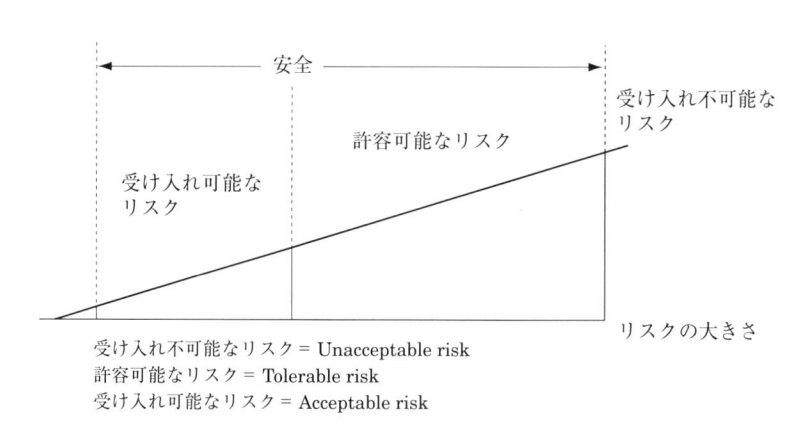

受け入れ不可能なリスク = Unacceptable risk
許容可能なリスク = Tolerable risk
受け入れ可能なリスク = Acceptable risk

図 2.14　許容可能なリスクと安全

なお，ISO/IEC Guide 51 には，"受け入れ可能なリスク"の定義は示されておらず，許容可能なリスクのみが定義されている．

2.4 リスクアセスメントとリスク低減方策（保護方策）

―――――――――――― ISO/IEC Guide 51:1999　3.7 より ―

許容可能なリスク（tolerable risk）：
　社会における現時点での評価に基づいた状況下で受け入れられる**リスク**．

　受け入れ可能なリスクとは，リスクが非常に小さく，感覚的にいえば，かすり傷やあざができる程度のリスクと考えることができる．また，重大な影響を及ぼす事象の場合，発生確率が 100 万分の 1 以下の範囲を指す場合が多い．

　許容可能なリスクとは，ISO/IEC Guide 51 では，上で示す定義に加え，このリスクを説明するために，"絶対的安全という理念，製品，プロセス又はサービス及び使用者の利便性，目的適合性，費用対効果，並びに関連社会の慣習のような諸要因によって満たされるべき要件とのバランスで決定される"と説明している．つまり，許容可能なリスクは，統一的に，普遍的な一定の基準として決められるものではなく，限りなくリスクがゼロになること（絶対的安全という理念）を目指し，製品などを使用する人の利便性，製品がその本来の使用目的と適合していること，費用対効果，ある社会の文化・慣習などのさまざまな要因によって決定されるものとしている．

　安全の定義からすると，この二つのリスクが達成されていれば，安全性が達成されたと解釈することができるが，**図 2.7 a)** では，"許容可能なリスクは達成されたか？"が最終判定となっている．これは，許容可能なリスクが達成されていることが，安全であるとみなす最低限のレベルであるということを意味しており，可能であれば，"受け入れ可能なリスク"まで低減することを要求している．なぜなら，現実的には，費用をかけてもそれに見合うリスク低減がなされない，リスクと製品の便益を比較すると得られる便益のほうが大きいなどの理由により，"受け入れ可能なリスク"まで低減できない場合があるので，"許容可能なリスク"を達成することにより，しょうがないので安全であると認めているのである．

　図 2.14 では，受け入れ不可能なリスクを "Unacceptable risk"，許容可能

なリスクを"Tolerable risk",受け入れ可能なリスクを"Acceptable risk"としているが,これらの概念は,さまざまな分野で,さまざまな用語を使用しており,分野が違うと用語も概念もことなることに注意されたい(コラム2参照).

次に,IEC 61508で示される"許容可能なリスクとALARP"を,図2.15により説明する.図2.14と似ているが,使用する用語や考え方などが異なる.なお,"安全","許容可能なリスク"の定義については,ISO/IEC Guide 51と同様である.

① → 許容できない領域

ALARP又は
許容領域

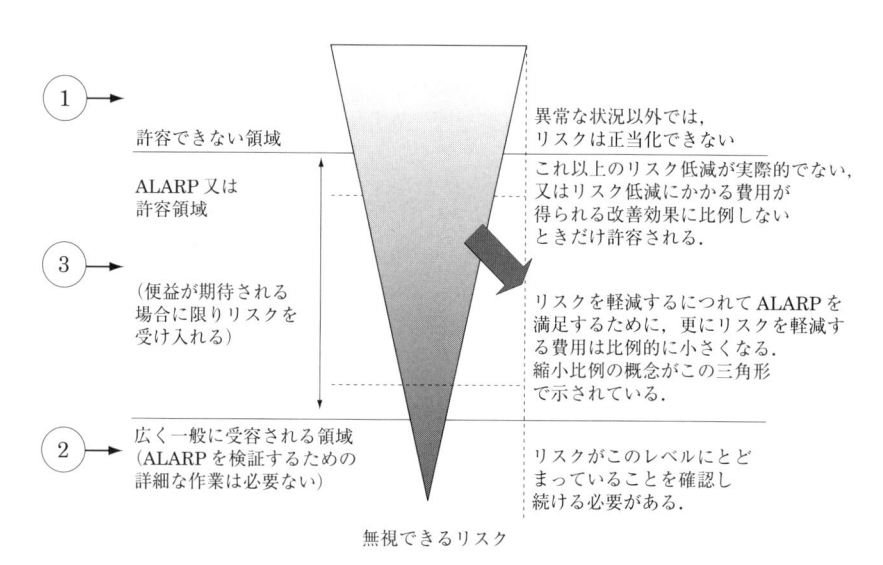

③ →
(便益が期待される
場合に限りリスクを
受け入れる)

② → 広く一般に受容される領域
(ALARPを検証するための
詳細な作業は必要ない)

異常な状況以外では,
リスクは正当化できない

これ以上のリスク低減が実際的でない,
又はリスク低減にかかる費用が
得られる改善効果に比例しない
ときだけ許容される.

リスクを軽減するにつれてALARPを
満足するために,更にリスクを軽減す
る費用は比例的に小さくなる.
縮小比例の概念がこの三角形
で示されている.

リスクがこのレベルにとど
まっていることを確認し
続ける必要がある.

無視できるリスク

図2.15 許容可能なリスクとALARP[13]

図2.15では,リスク領域の概念が大きく三つに分類されていることがわかる.

① 許容できないリスク(Intolerable risk)領域:
リスクが非常に大きく全面的に拒絶されるリスク領域.

② 広く一般に受容されるリスク(Acceptable risk)領域:
リスクが非常に小さいか,小さくされたので問題とされないリスク領

2.4 リスクアセスメントとリスク低減方策（保護方策）

《コラム2》
不可解な図

Acceptable を否定する語は，Unaccceptable である．Tolerable の否定語は，Intolerable である．

図 2.15 で，それぞれの用語にグレーゾーンがないと仮定すると，リスクの大きさは，Tolerable < Intolerable であり，図から Acceptable < Tolerable となっている．各用語を肯定と否定でそれぞれ順番に並べてみる．上の関係から，リスクの大きさは，図 2.15 にならうとすると，

　　Acceptable < Tolerable < Intolerable ……（式 A）

となる．この図では，Unacceptable がない．

一方，図 2.14 では，

　　Acceptable < Tolerable < Unacceptable ……（式 B）

となって，今度は，Tolerable の否定形である Intolerable が出てこない．

それでは，Unacceptable と Intolerable との関係は，どうなっているのであろうか．

上の関係（式 A，式 B）では，Acceptable < Tolerable であるから，両者の否定をとると，数学的には Intolerable < Unacceptable となる．すると，（式 A，式 B）から

　　Acceptable < Tolerable < Intolerable < Unacceptable ……（式 C）

が導かれる．すなわち，

　　Intolerable < Unacceptable ……（式 D）

である．

一方，意味で考えた場合には，Acceptable risk（すすんで受け入れることができるリスク）と，Tolerable risk（気がすすまないが仕方なく受け入れるリスク）では，図 2.14 や図 2.15 にあるように Acceptable < Tolerable の関係があると考えるのが自然であろう．したがって，Unacceptable risk（納得できないので受け入れられないリスク）と Tolerable risk（気がすすまないが仕方なく受け入れるリスク）を考えた場合，後者のリスク値の方が大きいことがあり得る．すなわち，Unacceptable < Tolerable となることがある．この場合には，それぞれの否定を付け加えると

　　acceptable < Unacceptable < Tolerable < Intolerable ……（式 E）

となり，

　　Unacceptable < Intolerable ……（式 F）

となって，式 D と矛盾する．Unacceptable なリスクと Intolerable なリスクとは，果たしてどちらが大きいかが分からなくなる．両者の矛盾は，否定の意味の違いから生じると思われる．

域

③ ALARP 又は許容（Tolerable risk）領域：
　　リスクが実行可能なレベルまで低減されているリスク領域．このリスクを受け入れことによる利益が使用者にあり，リスクをさらに低減するには費用が必要であることを示す．

　③で示されるリスク領域は，ALARP（As low as practicable）領域と呼ばれる．この領域では，費用便益分析（費用に対する便益を金額に換算して分析すること）により，合理的に実行可能なレベルまでリスクを低減する必要がある．

　なお，**図 2.15** の許容可能なリスク領域の上方のレベルは，リスクの低減が不可能か，リスク改善の費用が改善効果に対して全くつりあっていないときのみ許されるレベルで，下方のレベルは，リスク低減の費用が得られる改善効果に比例しない場合のみ許されるレベルである．

　次に，ISO 12100 では，リスク基準はどのようになっているかを見てみる．ISO 12100 では，"許容可能なリスク" という言葉は使用されていない．この用語は，ISO 12100 の成立までにさまざまな議論を経て（**本書 3.3** 参照），定義することを取りやめた用語である．では，ISO 12100 では，"許容可能なリスク" に代わるどのような基準と用語を用いているかというと，"適切なリスク低減" とし，次のような定義が与えられている．

───────────────── ISO 12100-1:2003　**3.17** より ─
適切なリスク低減（Adequate risk reduction）：
　現在の技術レベルを考慮したうえで，少なくとも法的要求事項に従ったリスクの低減．

　この定義では，最低限の要求事項として法的要求事項を守ることが要求されている．法律ではなく，法的要求事項としているのは，国によって，法律であったり，規格であったり，技術基準であったりと，規制のレベルが異なるためである．つまり，法律や規格，技術基準などは，国により，また製品により異なるので，設計者が所与の条件のなかで判断することとなるが，技術は日々進

2.4 リスクアセスメントとリスク低減方策（保護方策）

歩するものなので，法律や規格などが陳腐化している場合もあり，常に現在の技術水準を考慮して，リスク低減を講じる必要がある．ISO 12100 では，適切なリスク低減を達成するための基準として，次の質問を設定し，各々の質問に対して肯定の答えを与えることができたときに達成されたと考えてよいとしている．

―――――――――― ISO 12100-1:2003　5.5 より ――
―すべての運転条件及びすべての介入方法を考慮したか？
―保護方策による危険源の除去又はリスク低減（3 ステップメソッド）方法を実施したか？
―危険源は除去されたか，又は危険源によるリスクは実現可能な最も低いレベルまで低減されたか？
―採用する方策によって，新しく危険源が生じないのは確かであるか？
―使用者に残留リスクについて十分に通知し，かつ警告しているか？
―保護方策の採用によってオペレータの作業条件が危うくならないのは確かであるか？
―採用した保護方策は互いに支障なく成り立つか？
―専門及び工業分野の使用のために設計された機械が非専門及び非工業分野で使用されるとき，それから生じる結果について十分配慮したか？
―採用した方策が機械の機能を遂行するうえで，機械の能力を過度に低減しないのは確かであるか？

(6) リスクアセスメントの文書化について

図 2.7 のフロー図には示されていないが，リスクアセスメントの重要な構成要素として，文書化が規定されている．リスクアセスメントの文書化は，そのプロセスと結果を正しく記録することが必要であり，次のような内容を含むことが重要である．

a) 使用したツール，方法
b) 評価した機械類（例えば，仕様書，制限，意図する使用）

《コラム3》

社会のある時点での評価？

1976年に大島渚監督の"愛のコリーダ"という映画が上映された．この映画は，当時，その性描写等により，わいせつか芸術かという論争を巻き起こし，関係者が刑法175条違反で書類送検される事件となったが，現在では，2000年に多少の修正は入っているものの，ノーカット版が販売されており，この手の論争は起こっていない．このことは，社会における現時点での同作品の評価は，わいせつではない，という見方が支配的であることを物語っている．

許容されるリスクは，社会や時代によって異なってくる．まさしく，ISO/IEC Guide 51の定義にあるように，許容可能なリスクは，"社会における現時点での評価に基づいた状況下で受け入れられるリスク"である．

— 関連して想定した仮定（例えば，負荷，強度，安全係数）

c）同定した危険源並びに危険状態，及び査定時に考察した危険事象

　1）同定した危険状態

　2）査定時に考察した危険事象

d）リスクアセスメントの際に基礎として用いた情報

　1）使用データ及びデータ源（例えば，災害履歴，類似の機械類に適用したリスク低減から得られた経験）

　2）使用データに付随する不明確さ，及びそのリスクアセスメントへの影響力

e）保護方策によって達成される目標

f）同定した危険源の除去，又はリスク低減のために実施した保護方策（例えば，規格類又は他の仕様書による）

g）機械類に付随する残留リスク

h）リスクアセスメントの評価結果

2.4.2　リスクの低減

リスク評価の後，リスクが許容可能なレベル以下にない場合，ISO 12100でいえば，適切にリスク低減がなされていない場合，許容可能レベル，適切な

2.4 リスクアセスメントとリスク低減方策（保護方策） 81

リスク低減を達成するために，必要とされる方策を，リスク低減方策又は保護方策という．図 **2.7 a), b)** とも，"リスクの低減" となっており，考え方は ISO/IEC Guide 51，ISO 12100 と，ほぼ同じである．

ISO/IEC Guide 51 では，保護方策を "リスクを低減するための手段" と定義しており，本質安全設計，保護装置，保護具，使用上及び据付け上の情報（設計者による方策）並びに追加保護方策，訓練，保護具，組織など（使用者による方策）による保護方策を指している．

ISO 12100 では，一般的に保護方策を "リスク低減を達成することを意図した方策" としており，その方策は，設計者による方策と使用者による方策に分けている．設計者による方策は，次に説明する "本質的安全設計方策"，"安全防護及び付加保護方策"，"使用上の情報" の三つであり，使用者による方策は，"組織による安全作業手順，監督，作業許可システム"，"追加安全防護物の準備及び使用"，"保護具の使用"，"訓練" などとなっている．ただし，ISO 12100 が対象としているのは，上記の設計者による保護方策のみである．

ISO/IEC Guide 51 と ISO 12100 では，使用している言葉が多少異なるが，"保護方策" の分類については同意のものである．

次に，ISO 12100 で示される本質的安全設計方策，安全防護策，使用上の情報について簡単に説明する．

(1) 本質的安全設計方策

図 **2.7 b)** の "リスクの低減" 方策の一つである．ISO/IEC Guide 51 の図［図 **2.7 a)**］では，"リスクの低減" として簡単に記されているが，ISO/IEC Guide 51 の本文 6. f) には，ISO 12100 と同様に，リスク低減方策が 3 分類されている．

─── **ISO 12100-1:2003　3.19** より ───

本質的安全設計方策（Inherently safe design measure）：
　ガード又は保護装置を使用しないで，機械の設計又は運転特性を変更することによって，危険源を除去する又は危険源に関連するリスクを低減する保護方策．

本質的安全設計方策とは，例えば，機械の稼働領域を直接視認できるようにしたり，機械の作動力を制限したりすることによる幾何学的要素及び物理的要因を利用した方策，ばねなどを利用しないで剛性要素を介して一方の力を他方へ伝達するポジティブな機械的作用原理を利用した方策，感電等を防止するための方策，オペレータのストレス等を低減するための人間工学原則を適用する方策，冗長系や自動監視などを組み込むなどの制御システム設計の安全原則を採用した方策である．

本質的安全設計方策の詳細については，**本シリーズ第2巻**で紹介するのでここで深く触れないが，本質的安全設計方策は，①危険源を回避又は危険源に関するリスクを低減する方法，②危険区域への進入の必要性を低減することにより危険源にさらされる機会を制限する方法に分けて考えることができる．

ISO 12100では，本質的安全設計方策が，大きく14に分類して示されている．特に，制御システムへの本質的安全設計方策の適用と人間工学原則は重要である．

ISO 12100で規定される本質的安全設計方策

1. 幾何学的要因及び物理的側面の考慮
2. 機械設計に関する一般的技術知識の考慮
3. 適切な技術の選択
4. 構成品間のポジティブな機械的作用の原理の適用
5. 安定性に関する規定
6. 保全性に関する規定
7. 人間工学原則の遵守
8. 電気的危険源の防止
9. 空圧及び液圧設備の危険源の防止
10. 制御システムへの本質的安全設計方策の適用
11. 安全機能の故障の確率の最小化
12. 設備の信頼性による危険源への暴露機会の制限

2.4 リスクアセスメントとリスク低減方策（保護方策）

13. 搬入（供給）／搬出（取り出し）作業の機械化及び自動化による危険源への暴露機会の制限
14. 設定（段取り等）及び保全の作業位置を危険区域外とすることによる危険源への暴露機会の制限

(2) 安全防護策

―――― ISO 12100-1:2003 3.20 より ――――
安全防護（Safeguarding）：
　本質的安全設計方策によって合理的に除去できない危険源，又は十分に低減できないリスクから人を保護するための安全防護物の使用による保護方策．

　安全防護策とは，固定式ガード，可動式ガード，インターロックガード又は光線式センサや圧力検知マット，あるいは付加保護方策としての非常停止などを利用して，人と機械を隔離状態にしたり，機械を止めたりすることにより安全性を確保する方策である．
　ただし，付加保護方策に関しては，例えば，非常停止装置を設置しておけば，他の安全防護物を使用しなくてもよいことにはならない，つまり代替手段ではないということに留意することは重要である．
　安全防護策には，①ガード，②保護装置，また③付加保護方策の 3 種類が考えられる．

① ガード
保護するために機械の一部として設計された物理的なバリア．

ガードの例
固定式ガード（fixed guard）
囲いガード（enclosing guard）
距離ガード（distance guard）

可動式ガード（movable guard）
動力作動ガード（power-operated guard）
自己閉鎖式ガード（self-closing guard）
起動機能インターロック付きガード（interlocking guard with a start function），制御式ガード（control guard）
調整式ガード（adjustable guard）
インターロック付きガード（interlocking guard）
施錠式インターロック付きガード（interlocking guard with guard locking）

② 保護装置
ガード以外の安全防護物．

保護装置の例

インターロック装置（Interlocking device），インターロック（Interlock）
イネーブル装置（Enable device）
ホールド・ツウ・ラン制御装置（Hold-to-run control device）
両手操作制御装置（Two-hand control device）
検知保護設備（SPE: Sensitive protective equipment）
能動的光電保護装置（AOPD: Active opto-electronic protective device）
機械的拘束装置（Mechanical restraint device）
制限装置（Limiting device）
動作制限制御装置（Limited movement control device）

③ 付加保護方策
本質的安全設計，安全防護策として分類されない非常停止やエネルギーの消散のような保護方策．

2.4 リスクアセスメントとリスク低減方策（保護方策） 85

付加保護装置の例

非常停止（Emergency stop）
遮断及びエネルギーの消散（Isolation and energy dissipation）
はしご，通路などの安全確保［Measures for safe access to machinery (ladders, walkways)］

---

(3) 使用上の情報

――― ISO 12100-1:2003 3.21 より ―――
使用上の情報（Information for use）:
使用者に情報を伝えるための伝達手段（例えば，文章，語句，標識，信号，記号，図形）を個別に，又は組み合わせて使用する保護方策．

使用上の情報とは，視覚信号や聴覚信号を利用して危険事象の発生を知らせる信号や警告装置，あるいは機械を安全に使用するために，機械に回転部の最大速度や工具の最大直径などを表示して注意を促すこと，機械の運搬，取扱いの指示，残留リスクなどを開示した説明書などの方策である．

ただし，使用上の情報は，リスク低減のための手段の一つではあるが，この対策でリスクが低減されるかというと，厳密にいえば低減されない．使用者が正しく理解し，規定の作業方法を遵守するということが前提となる．

使用上の情報の例

信号及び警報装置（Signals and warning devices）
表示，標識（絵文字），警告文［Markings, Signs (pictograms), Written warnings)］
付属文書（特に，取扱説明書）（Accompanying documents inparticular, Instruction handbook）

引用・参考文献

1) IEC 61508-4:1998 Functional safety of electrical/electronic/programmable electronic safety-related systems — Part 4: Definitions and abbreviations
2) IEC 61508-5:1998 Functional safety of electrical/electronic/programmable electronic safety related systems — Part 5: Examples of methods for the determination of safety integrity levels
3) ISO 11014-1:1994 Safety data sheet for chemical products — Part 1: contens and order of sections
4) ISO 12100-1:2003 Safety of machinery — Basic concepts, general principles for design — Part 1: Basic terminology, methodology
5) ISO 12100-2:2003 Safety of machinery — Basic concepts, general principles for design — Part 2 : Technical principles
6) ISO 14121:1999 Safety of machinery — Principles of risk assessment
7) ISO/DIS 14121-1 Safety of machinery — Risk assessment — Part 1: Principles
8) ISO/DTR 14121-2 Safety of machinery — Risk assessment — Part 2: Practical guidances and examples of methods
9) ISO/IEC Guide 51:1999 Safety aspects — Gudelines for their inclusion in standards
10) JIS B 9700-1:2004 機械類の安全性―設計のための基本概念,一般原則―第1部:基本用語,方法論
11) JIS B 9700-2:2004 機械類の安全性―設計のための基本概念,一般原則―第2部:技術原則
12) JIS C 0508-4:1999 電気・電子・プログラマブル電子安全関連系の機能安全―第4部:用語の定義及び略語
13) JIS C 0508-5:1999 電気・電子・プログラマブル電子安全関連系の機能安全―第5部:安全度水準決定方法の事例
14) JIS Z 7250:2005 化学物質等安全データシート(MSDS) 第1部:内容及び項目の順序
15) JIS Z 8051:2004 安全側面―規格への導入指針
16) TR Q 0008:2003 リスクマネジメント―用語―規格において使用するための指針
17) W. Defren, F. Kreutzkampf (2003): Machine safety in the European Community, Schmersal GmbH
18) 斉藤善三郎(2004):おはなし信頼性(改訂版),日本規格協会
19) (社)日本機械工業連合会(2004):環境適合設計の標準化と適用に関する調査研究,(社)日本機械工業連合会
20) 鈴木順二郎,牧野鉄治,石坂茂樹(1982): FMEA・FTA実施法―信頼性・安全性解析と評価,日科技連出版社
21) 瀬尾佳美(2005):リスク理論入門―どれだけ安全なら充分なのか,中央経済社
22) 蓬原弘一(2006):機械安全におけるリスクアセスメント―設計時のリスクアセスメント,表1(未発表)
23) 向殿政男(2004):よくわかるリスクアセスメント―事故未然防止の技術,中央労働災害防止協会

第3章　ISO 12100 機械類の安全な設計

3.1　ISO 12100 の制定

第2章では，ISO/IEC Guide 51 で規定されるリスクアセスメントについて，ISO 12100 を例にとり説明をしてきた．この章では，その制定の経緯を含め ISO 12100 の全体レイアウトを示す．

なお，**本書第2章**と重複する部分もあるが，**第2章**では，あくまで ISO/IEC Guide 51 のリスク低減プロセスを，ISO 12100 を使用して説明したものであり，ISO 12100 の全体を表すものではない．

ISO 12100 は，通常，"機械類の安全性"，又は略して"機械安全"と呼ばれる規格の一つであり，正確には次の2部構成となっている．

(1)　ISO 12100-1:2003, Safety of machinery — Basic concepts, general principles for design — Part 1: Basic terminology, methodology（機械類の安全性—設計のための基本概念，一般原則—第1部：基本用語，方法論）

(2)　ISO 12100-2:2003, Safety of machinery — Basic concepts, general principles for design — Part 2: Technical principles（機械類の安全性—設計のための基本概念，一般原則—第2部：技術原則）

なお，第2章で例にとり，説明したリスクアセスメントは，この規格の第1部で規定されている．

この規格は，当初，ISO/TR 12100-1 及び ISO/TR 12100-2（TR: Technical Report，標準情報）として 1992 年に発行され，日本においても TR B 0008 及び TR B 0009 として 1999 年に発行されている．ISO においては，その TR を IS 化すべくおよそ 10 年の歳月をかけて改訂作業を行い，2003 年 11 月に

正式発行された規格である．なお，この規格は，欧州規格 EN 292-1, -2 とも並行関係にあり，その改訂作業も同時に行われた．したがって，これらの関係は ISO = EN となっている．ちなみに，日本では，ISO 12100-1, -2 と整合した JIS として，2004 年に JIS B 9700-1, -2 が発行されている．

また，この規格は，ISO/IEC Guide 51（日本においては JIS Z 8051，欧州においては EN 414）に基づいて，"基本安全規格（A 規格）"と呼ばれ，広く機械類一般に対する安全要求事項を定めた規格である．

3.1.1　ISO 12100-1, -2 を開発した組織

ISO 12100-1, -2 は，ISO（国際標準化機関）のなかの技術委員会である ISO/TC 199（Safety of machinery）が担当した規格であるが，実際に規格開発した組織は，実は ISO/TC 199 ではなく，EN 規格を開発する機関である CEN（欧州標準化委員会）のなかの一つの技術委員会である CEN/TC 114（Safety of machinery）であり，その実行は，さらにその下部組織である CEN/TC 114 SG が担当し開発した．ISO の冠がついているのに，なぜ欧州の規格を開発する機関が ISO を開発したのか，という疑問を持つ方もいると思うが，**本書 1.2** で説明したように，ISO と CEN の間では，両機関で重複なく効率的に規格開発を進めるためのウィーン協定が結ばれており，これに基づいて，ISO 12100-1, -2 も開発されたためである．

CEN/TC 114SG は，欧州規格開発のための組織であるので，通常は欧州域外の国が入ることは難しいが（制度的には可能である），ISO 12100-1, -2 の開発においては，欧州域外の国として，日本と米国が参画した．

発行までの経過を**表 3.1** に示し，また，CEN/TC 114 と ISO/TC 199 の組織について**表 3.2** で紹介する．なお，**表 3.1** で EN ISO 12100 とあるが，これは，EN と ISO が同一の内容であることを示しており，欧州でも，現在は EN 292 ではなく，EN ISO 12100 である．

表 3.1　EN ISO 12100-1, -2 発行までの経過

	CEN（欧州標準化委員会）	ISO（国際標準化機構）
1985 年	CEN/TC 114（Safety of Machinery）設置	
1991 年	EN 292-1, -2 発行	ISO/TC 199（Safety of Machinery）設置
	ISO と CEN においてウィーン協定締結	
1992 年		ISO/TR 12100-1, -2 発行
1995 年	EN 292/ISO/TR 12100 改訂のための CEN/TC 114/SG 設置	欧州域外国の CEN/TC 114/SG への参加
2003 年	EN ISO 12100-1, -2 発行	

3.2　ISO 12100 の概要

ISO 12100 は，機械を安全に設計するために使用される規格である．この規格でいう"安全"とは，機械が原因で人がけがをする，あるいは病気になることがほとんどないという機械の性質のことである．機械の生産段階から運搬，据付，運転，保全，廃棄に至る間，これにかかわる人々，又は，かかわりはないがたまたま近づく人々がそのようなけがや病気になるリスクをできるだけ低減することを目的とした規格である．

つまり，機械の設計者のための規格であり，機械の利用者や使用者はこの規格の直接の対象者ではない．

この規格では，リスクアセスメントに基づき，本質的安全設計方策，安全防護策及び付加保護方策，使用上の情報という三つの方法を用いて，傷害及び健康障害のリスクを，できるだけ低いレベルまで低減することを基本的な要求事項としている．

ISO 12100 の第 1 部では，基本用語及び方法論を定め，第 2 部は，技術原則を定めている．両規格は，第 1 部のリスク低減のための方法論のなかの技術方策を第 2 部でより詳しく定めるという関係になっている（図 3.1 参照）．

表 3.3 に ISO 12100-1, -2, 両規格の規定内容を紹介する．

90　　第 3 章　ISO 12100 機械類の安全な設計

ISO 12100-2

技術原則

この規格は機械類の安全性を達成するための技術原則を規定したもの

4. 本質安全設計方策
5. 安全防護
   及び
   付加保護方策
6. 使用上の情報

タイプ A

ISO 14121
リスクアセスメントの原則

ISO 12100-1

基本用語，方法論

この規格は機械類の安全性を達成するための基本用語，方法論を規定したもの

1. 適用範囲
2. 引用規格
3. 用語及び定義
4. 機械類の設計時に考慮すべき危険源
5. リスク低減のための方法論

Step 1　リスクアセスメント
Step 2　本質安全設計方策
　　　　安全防護方策
　　　　及び
　　　　付加保護方策
Step 3　使用上の情報

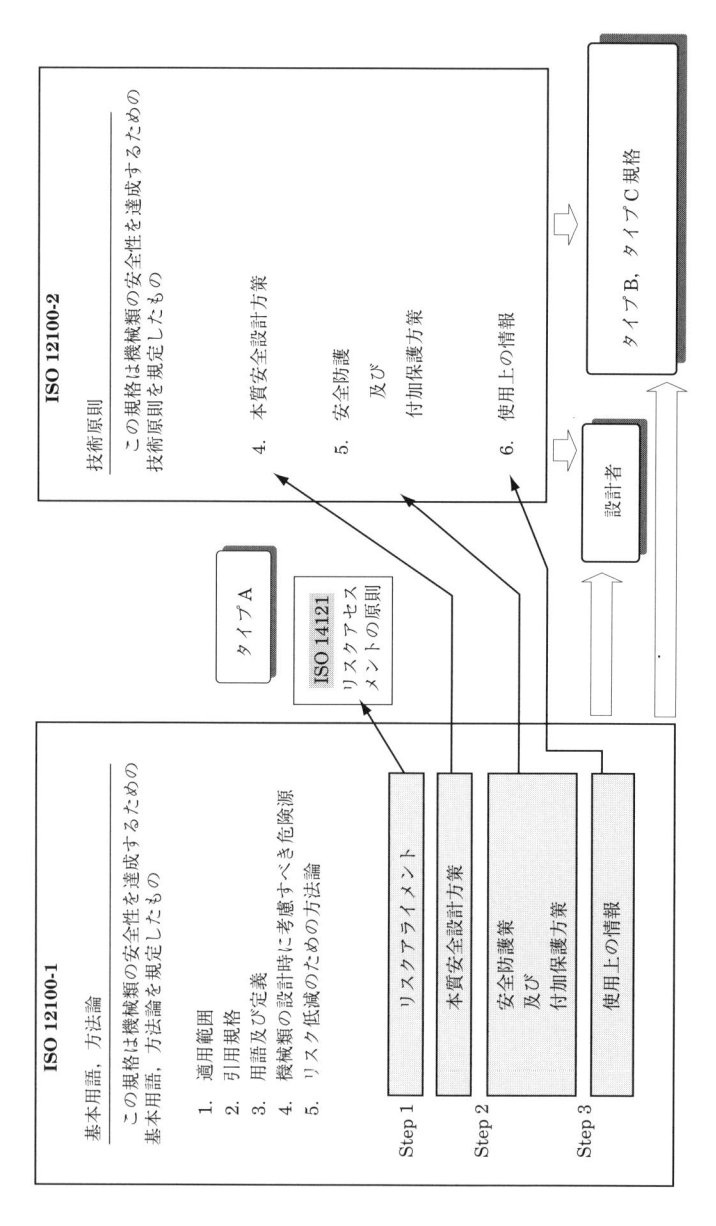

設計者

タイプ B，タイプ C 規格

図 3.1　ISO 12100-1 と ISO 12100-2 の関係

3.2 ISO 12100 の概要

表 3.2 CEN/TC 114 と ISO/TC 199 の組織

(2007 年 3 月現在)

	CEN/TC 114	ISO/TC 199
設立	1985 年	1991 年
議長国	スイス	スイス
幹事国	ドイツ	ドイツ
参加国	30 か国	P メンバー： 28 か国 O メンバー： 21 か国
組織構成	WG 1: Basic concepts （活動停止） WG 2: Safety distances （活動停止） WG 3: Terminology WG 4: Rules for the drafting and presentation of safety standards WG 5: Hand/arm speed （活動停止） WG 6: Safe control systems WG 7: Two-hand controls （活動停止） WG 8: Pressure-sensitive mats and similar devices （活動停止） WG 9: Emergency stop and safety hold （活動停止） WG 10: Interlocking devices with and without guard locking （活動停止） WG 11: Guards (fixed and movable) （活動停止） WG 12: Fluid power systems and components （活動停止） WG 13: Radiation WG 14: Risk assessment （活動停止） WG 15: Emission of airborne hazardous substances from machines WG 16: Fire and explosion WG 17: Permanent access to machines and industrial plant	WG 1: Basic principles, methodology, terminology （解散） WG 2 : Hygiene requirements for the design of machinery （解散） WG 3: Safety of integrated manufacturing systems WG 4: Information for use （解散） WG 5: Risk assessment WG 6: Safety distances and gaps WG 7: Interlocking devices

注1： ISO/TC 199/WG と CEN/TC 114/WG で活動内容が重複している場合があるが，これらは，ウィーン協定に基づき，共同作業を実施していることを表しており，それぞれが異なる作業を実施しているわけではない．共同で作業を行う場合は，ISO リード又は CEN リードのどちらかで作業を実施している．
注2： P メンバーとは，Participating メンバーの略であり，投票権を持つ．
注3： O メンバーとは，Observing メンバーの略であり，投票権を持たない．

第 3 章　ISO 12100 機械類の安全な設計

表 3.3　ISO 12100-1:2003，ISO 12100-2:2003 の構成

ISO 12100-1	ISO 12100-2
序文	序文
1. 適用範囲	1. 適用範囲
2. 引用規格	2. 引用規格
3. 用語及び定義	3. 用語及び定義
4. 機械類の設計時に考慮すべき危険源	4. 本質的安全設計方策
5. リスク低減のための方法論	5. 安全防護及び付加保護方策
附属書 A（参考）機械の構成図	6. 使用上の情報
索引	索引
参考文献	参考文献

3.2.1　適用範囲について（ISO 12100-1, -2）

第 1 部は，機械類の設計において安全性を達成するときに適用される基本用語及び方法論を規定する．第 2 部は，機械類の設計において安全性を達成するときに設計者に役立つ技術的原則を規定する．第 1 部，第 2 部はそれぞれ単独で使うことができ，また，他の機械安全規格作成のための基礎として使用することもできる．

この規格の使用対象者は設計者であり，保護対象は人であり，飼育動物，財産又は環境に対する損害は取り扱わない．また，機械の範囲としては，例えば，フライス盤，マシニングセンタなど特定の機械を指定せず，次の定義により，広く機械類一般がその対象となる．ISO 12100-1 における機械類／機械の定義の要点を，簡略化して次に示す．

"機械類／機械" の定義：

　連結された部分又はコンポーネントの組合せで，そのうちの少なくとも一つは適切な機械的アクチュエータ，制御及び動力回路等を備えて動くものであって，特に材料の加工，処理，移動，梱包といった用途に合うように結合されたもの．

　また，機械類という用語は全く同一の目的を達成するために完全な統一

3.2 ISO 12100 の概要

体として機能するように配列され，制御される複数の機械の組合せに対しても用いる．

このことは，機械安全規格体系（ISO/IEC Guide 51 参照）と深く関係している．この体系では，**図 2.3** で示したように，三つのタイプにレベル分けされた階層構造をとっている．設計のための基本原則，用語などを定め，すべての機械類に適用できる一般面を示す"基本安全規格（タイプ A 規格）"，ガード，両手操作制御装置，安全距離などを定める規格で，広範囲の機械類にわたって使用される安全面又は安全関連装置の一種を取り扱う"グループ安全規格（タイプ B 規格）"，フライス盤，マシニングセンタなど特定の機械を対象にし，詳細な安全要求事項を示す"個別安全規格（タイプ C 規格）"である．その適用範囲は基本安全規格＞グループ安全規格＞個別安全規格の関係となる．この規格構成により，原則上，あらゆる分野にもれなく適用することができる．そのため，階層構造の頂点に位置する基本安全規格であるこの ISO 12100 規格においては，"機械類／機械"を非常に広い概念で定義しているのである．

3.2.2 引用規格について（ISO 12100-1, -2）

この規格の第 1 部では，**表 3.4** に示す 10 の規格を引用している．第 2 部では，**表 3.5** に示す 43 の規格を引用している．これらの引用規格は，規定の一部を構成している．

第 3 章　ISO 12100 機械類の安全な設計

表 3.4　ISO 12100-1 の引用規格

規格番号	規格名称
ISO 12100-2:2003	Safety of machinery — Basic concepts, general principles for design — Part 2: Technical principles
ISO 14121:1999	Safety of machinery — Principles of risk assessment
ISO 13850	Safety of machinery — Emergency stop — Principles for design
ISO 11689	Acoustics — Procedure for the comparison of noise-emission data for machinery and equipment
ISO 13851	Safety of machinery — Two-hand control devices — Functional aspects and design principles
ISO 14118:2000	Safety of machinery — Prevention of unexpected start-up
ISO 14119	Safety of machinery — Interlocking devices associated with guards — Principles for design and selection
ISO 14120	Safety of machinery — Guards — General requirements for the design and construction of fixed and movable guards
IEC 60204-1:1997	Safety of machinery — Electrical equipment of machines — Part 1: General requirements
IEC 61496-2	Safety of machinery — Electro-sensitive protective equipment — Part 2: Particular requirements for equipment using active opto-electronic protective devices (AOPDs)

注：発行年が記載されているものは，記載の年の版のみが規格を構成するものであることが明記されている．記載されていないものは，最新版を適用することが規定されている．

表 3.5　ISO 12100-2 の引用規格

規格番号	規格名称
ISO 447	Machine Tools — Direction of operation of controls
ISO 12100-1:2003	Safety of machinery — Basic concepts, general principles for the design — Part 1: Basic terminology, methodology
ISO 13850	Safety of machinery — Emergency stop — Principles for design
IEC 61496-1	Safety of machinery — Electro-sensitive protective equipment — Part 1: General requirements and tests

3.2 ISO 12100 の概要

表 3.5 （続き）

規格番号	規格名称
IEC 61496-2	Safety of machinery — Electro-sensitive protective equipment — Part 2: Particular requirements for equipment using active opto-electronic protective devices (AOPDs)
ISO 13849-1:1999	Safety of machinery — Safety-related parts of control systems — Part 1: General principles for design
IEC 61310-1	Safety of machinery — Indication, marking and actuation — Part 1: Requirements for visual, auditory and tactile signals
IEC 61310-3:1999	Safety of machinery — Indication, marking and actuation — Part 3: Requirements for the location and operation of actuators
ISO 13852	Safety of machinery — Safety distances to prevent danger zones being reached by the upper limbs
ISO 13853	Safety of machinery — Safety distances to prevent danger zones being reached by the lower limbs
ISO 14123-1	Safety of machinery — Reduction of risks to health from hazardous substances emitted by machinery — Part 1: Principles and specifications for machinery manufacturers
ISO 13854	Safety of machinery — Minimum gaps to avoid crushing of parts of the human body
ISO 14122-1	Safety of machinery — Permanent means of access to machinery — Part 1: Choice of fixed means of access between two levels
ISO 14122-2	Safety of machinery — Permanent means of access to machinery — Part 2: Working platforms and walkways
ISO 14122-3	Safety of machinery — Permanent means of access to machinery — Part 3: Stairs, stepladders and guard-rails
ISO/FDIS 14122-4	Safety of machinery — Permanent means of access to machinery — Part 4: Fixed ladders
IEC 60204-1:1997	Safety of machinery — Electrical equipment of machines — Part 1: General requirements

表 3.5 （続き）

規格番号	規格名称
IEC 61508 series	Functional safety of electrical/electronic/programmable electronic safety-related systems
IEC 60947-5-1	Low-voltage switchgear and controlgear — Part 5-1: Control circuit devices and switching elements — Electromechanical control circuit devices
ISO 10075	Ergonomic principles related to mental work-load — General terms and definitions
ISO 10075-2	Ergonomic principles related to mental workload — Part 2: Design principles
ISO 2972	Numerical control of machines — Symbols
ISO 4413	Hydraulic fluid power — General rules relating to systems
ISO 4414	Pneumatic fluid power — General rules relating to systems
ISO 6385	Ergonomic principles in the design of work systems
ISO 7000	Graphical symbols for use on equipment — Index and synopsis
ISO 9355-1	Ergonomic requirements for the design of displays and control actuators — Part 1: Human interactions with displays and control actuators
ISO 13851	Safety of machinery — Two-hand control devices — Functional aspects and design principles
ISO 13855	Safety of machinery — Positioning of protective equipment with respect to the approach speeds of parts of the human body
ISO 13856-1	Safety of machinery — Pressure-sensitive protective devices — Part 1: General principles for design and testing of pressure-sensitive mats and pressure-sensitive floors
ISO 14118:2000	Safety of machinery — Prevention of unexpected startup
ISO 14119:1998	Safety of machinery — Interlocking devices associated with guards — Principles for design and selection

3.2 ISO 12100 の概要

表 3.5 （続き）

規格番号	規格名称
ISO 14120:2002	Safety of machinery — Guards — General requirements for the design and construction of fixed and movable guards
ISO 14163	Acoustics — Guidelines for noise control by silencers
ISO 15667	Acoustics — Guidelines for noise control by enclosures and cabins
ISO/TR 11688-1	Acoustics — Recommended practice for the design of low-noise machinery and equipment — Part 1: Planning
IEC 60335-1	Household and similar electrical appliances — Safety — Part 1: General requirements
IEC 60745-1	Hand-held motor-operated tools — Safety — Part 1: General requirements
IEC 61000-6 series	Electromagnetic compatibility (EMC) — Part 6: Generic standards
IEC 61029	Safety of transportable motor-operated electric tools
IEC/TS 62046	Safety of machinery — Application of protective equipment to detect the presence of persons
IEC 62061 draft	Safety machinery — Functional safety of electrical, electronic and programmable control systems for machinery
IEC 62079	Preparation of instructions — Structuring, content and presentation

注：発行年が記載されているものは，記載の年の版のみが規格を構成するものであることが明記されている．記載されていないものは，最新版を適用することが規定されている．

3.2.3 用語及び定義（ISO 12100-1, -2）

この規格で使用される 54 の用語についての定義が規定されている．これらの用語のうち，各章でいくつかの主要な用語の定義を紹介したが，ここでは，用語のみを一覧にして紹介するにとどめる（表 3.6 参照）．定義は，原規格を参照いただきたい．なお，ISO 12100-1 で規定される用語については，"Terminology database" として，ISO/TC 199 で管理しインターネットで公開することが検討されている．

表3.6 ISO 12100-1 で定義される用語

箇条	用語
3.1	機械類（Machinery），機械（Machine）
3.2	信頼性（機械の）［Reliability (of a machine)］
3.3	保全性（機械の）［Maintainability (of a machine)］
3.4	使用性（機械の）［Usability (of a machine)］
3.5	危害（Harm）
3.6	危険源（Hazard）
3.7	関連危険源（Relevant hazard）
3.8	重要な危険源（Significant hazard）
3.9	危険状態（Hazardous situation）
3.10	危険区域（Hazard zone, Danger zone）
3.11	リスク（Risk）
3.12	残留リスク（Residual risk）
3.13	リスクアセスメント（Risk assessment）
3.14	リスク分析（Risk analysis）
3.15	リスク見積り（Risk estimation）
3.16	リスクの評価（Risk evaluation）
3.17	適切なリスク低減（Adequate risk reduction）
3.18	保護方策（Protective measure）
3.19	本質的安全設計方策（Inherently safe design measure）
3.20	安全防護（Safeguarding）
3.21	使用上の情報（Information for use）
3.22	機械の"意図する使用"（Intended use of a machine）
3.23	合理的に予見可能な誤使用（Reasonably foreseeable misuse）
3.24	安全防護物（Safeguard）
3.25	ガード（Guard）
3.25.1	固定式ガード（Fixed guard）
3.25.2	可動式ガード（Movable guard）
3.25.3	調整式ガード（Adjustable guard）
3.25.4	インターロック付きガード（Interlocking guard）
3.25.5	施錠式インターロック付きガード（Interlocking guard with guard locking）

3.2 ISO 12100 の概要

表 3.6 （続き）

箇条	用語
3.25.6	起動機能インターロック付きガード（Interlocking guard with a start function），制御式ガード（Control guard）
3.26	保護装置（Protective device）
3.26.1	インターロック装置（Interlocking device），インターロック（Interlock）
3.26.2	イネーブル装置（Enable device）
3.26.3	ホールド・ツゥ・ラン制御装置（Hold-to-run control device）
3.26.4	両手操作制御装置（Two-hand control device）
3.26.5	検知保護設備［Sensitive protective equipment (SPE)］
3.26.6	能動的光電保護装置［Active opto-electronic protective device (AOPD)］
3.26.7	機械的拘束装置（Mechanical restraint device）
3.26.8	制限装置（Limiting device）
3.26.9	動作制限制御装置（Limited movement control device）
3.27	阻止装置（Impeding device）
3.28	安全機能（Safety function）
3.29	予期しない起動（Unexpected start-up），意図しない起動（Unintended start-up）
3.30	危険側故障（Failure to danger）
3.31	不具合（障害）（Fault）
3.32	故障（Failure）
3.33	共通原因故障（Common cause failures）
3.34	共通モード故障（Common mode failures）
3.35	非常事態（Emergency situation）
3.36	非常操作（Emergency operation）
3.37	非常停止（Emergency stop）
3.38	エミッション値（Emission value）
3.39	比較エミッションデータ（Comparative emission data）

3.2.4 機械類の設計時に考慮すべき危険源

ISO 12100-1 に 10 の危険源が記載されている．より詳細な危険源の例は，ISO 14121 の附属書で示されている．ここでは，**表 3.7** に ISO 12100-1 で示される危険源を示す．より詳細な内容は，**本書の付録 4** を参照されたい．

表 3.7 ISO 12100-1 で示される危険源

危険源	危険源と危害の具体例等
機械的危険源	可動する機械と直接人が接触する，機械や装置に巻き込まれる，又ははさまれるなど，機械の動きが要因となり危害を生じる可能性がある危険源． 《危険源の例》 ・機械又はその部分の回転運動 ・スライド運動 ・往復運動 ・これらの組合せ 《危害の例》 ・押しつぶし ・せん断 ・切傷又は切断 ・巻き込み ・引き込み又は捕そく（捉） ・衝撃 ・突き刺し又は突き通し ・こすれ又は擦りむき ・高圧流体の噴出による人体への注入（噴出の危険源）
電気的危険源	電気に起因して危害が生じる可能性がある危険源． 《危険源の例》 ・直接接触（充電部との接触，正常な運転時に加電圧される導体又は導電性部分） ・間接接触（不具合状態のとき，特に絶縁不良の結果として，充電状態になる部分） ・充電部への，特に高電圧領域への人の接近 ・合理的に予見可能な使用条件下の不適切な絶縁 ・帯電部への人の接触等による静電気現象 ・熱放射 ・短絡若しくは過負荷に起因する化学的影響のような又は溶融物の放出のような現象 《危害の例》

3.2 ISO 12100 の概要

表 3.7 (続き)

危険源	危険源と危害の具体例
	・感電（電撃） ・やけど ・電気爆発とアーク放電 ・電気による火災又は爆発による危害 《危険源と危害の例》 また，感電によって驚いた結果，人の墜落（又は感電した人からの落下物）を引き起こし危害に至る可能性がある．
熱的危険源	人間が接触する表面の異常な温度（高低）が要因となり危害が生じる可能性がある危険源． 《危険源と危害の例》 ・極端な温度の物体又は材料との接触による，火炎又は爆発及び熱源からの放射熱によるやけど及び熱傷 ・高温作業環境又は低温作業環境で生じる健康障害
騒音による危険源	機械から発生する騒音が要因となり，危害を生じる可能性がある危険源． 《危害の例》 ・永久的な聴力の喪失 ・耳鳴り ・疲労，ストレス ・平衡感覚の喪失又は意識喪失のようなその他の影響 ・口頭伝達又は音響信号知覚への妨害
振動による危険源	長い時間の低振幅又は短い時間の強烈な振幅が要因となり危害を生じる可能性がある危険源 《危害の例》 ・重大な不調（背骨の外傷及び腰痛） ・全身の振動による強い不快感 ・手及び／又は腕の振動による振動病のような血管障害，神経学的障害，骨・関節障害
放射による危険源	次のような種類の放射が要因となり危害が生じる可能性がある危険源．短時間で影響が現れる場合もあれば，又は長期間を経て影響が現れる場合もある． 《危険源の例》 ・電磁フィールド（例えば，低周波，ラジオ周波数，マイクロ波域における） ・赤外線，可視光線，紫外線 ・レーザ放射 ・X 線及び γ 線

表3.7 （続き）

危険源	危険源と危害の具体例
	・α 線，β 線，電子ビーム又はイオンビーム，中性子
材料及び物質による危険源	機械の運転に関連した材料や汚染物，又は機械から放出される材料，製品，汚染物と接触することにより危害が生じる可能性がある危険源． 《危険源の例》 ・有害性，毒性，腐食性，はい（胚）子奇形発生性，発がん（癌）性，変異誘発性及び刺激性などをもつ流体，ガス，ミスト，煙，繊維，粉じん，並びにエアゾルを吸飲すること，皮膚，目及び粘膜に接触すること又は吸入すること ・生物（例えば，かび）及び微生物（ウイルス又は細菌）
機械設計時における人間工学原則の無視による危険源	機械の性質と人間の能力のミスマッチから危害が生じる可能性がある危険源． ・不自然な姿勢，過剰又は繰り返しの負担による生理的影響（例えば，筋・骨格障害） ・機械の"意図する使用"の制限内で運転，監視又は保全する場合に生じる精神的過大若しくは過小負担，又はストレスによる心理・生理的な影響 ・ヒューマンエラー
滑り，つまずき及び墜落の危険源	床面や通路，手すりなどの不適切な状態，設定，設置により生じる可能性がある危険源．
危険源の組合せ	上に掲げた危険源がさまざまに組み合わされることにより生じる可能性がある危険源．個々には取るに足らないと思われても，重大な結果を生じるおそれがある．

3.2 ISO 12100 の概要

3.2.5 リスク低減のための方法論—リスクアセスメントと3ステップメソッド（ISO 12100-1）

この規格のリスク低減のための方法論では，その内容は大きく二つに分類される．その一つはリスクアセスメントであり，もう一つは3ステップメソッドと呼ばれるリスク低減のための技術的保護方策である．リスクアセスメントについては，**本書2.4**で ISO/IEC Guide 51 とともに，あわせて説明したので，ここではおさらい程度に ISO 12100 の概要を紹介する．また，リスク低減方策についても同様に**2.4**で簡単に触れているが，**本シリーズ第2巻**で詳しく紹介するので，こちらについても最低限度の紹介にとどめる．

リスクアセスメントは，まず，当該機械に関する使用上の制限（意図する使用，合理的に予見可能な誤使用の考慮等），空間上の制限（機械の可動範囲，オペレーター機械間インタフェース等），時間上の制限（機械，各コンポーネントのライフリミット等）で構成される機械類の制限から始まり，その制限範囲内で，機械によって引き起こされる可能性のある種々の危険源（恒久的な危険源及び予期せずに現れ得る危険源）を同定し，可能な限り要因の定量的なデータ等をもとにそれぞれの危険源についてどのくらいのリスクがあるかを算定し，結果としてリスクの低減が必要であるかどうかを最終的に決定する作業である．

危険源の除去又はリスクの低減が必要な場合は，3ステップメソッド（優先順位付けがなされている）と呼ばれる次の方策によるリスク低減を行う．

3ステップメソッド

1. 本質的安全設計方策
2. 安全防護及び付加保護方策
3. 残留リスクについて使用上の情報

---

① リスクアセスメント

リスクアセスメントは，**本書第2章**でも示したように，ISO 12100 の中核

をなす規定の一つである．その詳細は ISO 14121（Safety of machinery — Principles for risk assessment）で示されている．この規格は ISO 12100 に代表される国際安全規格に示されているリスクアセスメントを系統的に行うための原則を記したものであり，機械類で想定される危険源を同定し，リスクを見積もり評価するための手順とリスクアセスメントの実施に関して要求される提出文書の形式について述べている．ISO 14121 の構成を，**表 3.8** に示す．また，リスクアセスメントの基本的な流れを，**図 3.2** に示す．

表 3.8　ISO 14121 の構成

序文
1. 適用範囲
2. 引用規格
3. 定義
4. 一般原則
5. 機械類の制限の決定
6. 危険源の同定
7. リスク見積り
8. リスクの評価
9. 文書化
附属書 A（参考）危険源，危険状態及び危険事象の例
附属書 B（参考）危険源分析及びリスク見積りの方法
参考文献＊

＊　危険源分析の方法及びリスク見積りが規定されている国際規格が紹介されている．

②　保護方策—本質的安全設計方策（ISO 12100-2）

ガード又は保護装置を使用しないで，機械の設計又は運転特性を変更することにより，危険源を取り除くか又は危険源に関連するリスクを低減する保護方策であり，a) 危険源を回避する方法，b) 危険区域への進入の必要性を低減することにより危険源へさらされる機会を制限する方法に大別される．

　　a)　危険源を回避する方法
　　　　—幾何学的及び物理的要素に関する配慮
　　　　—機械設計に関する一般的技術知識の考慮
　　　　—機械的結合の安全原則

3.2 ISO 12100 の概要

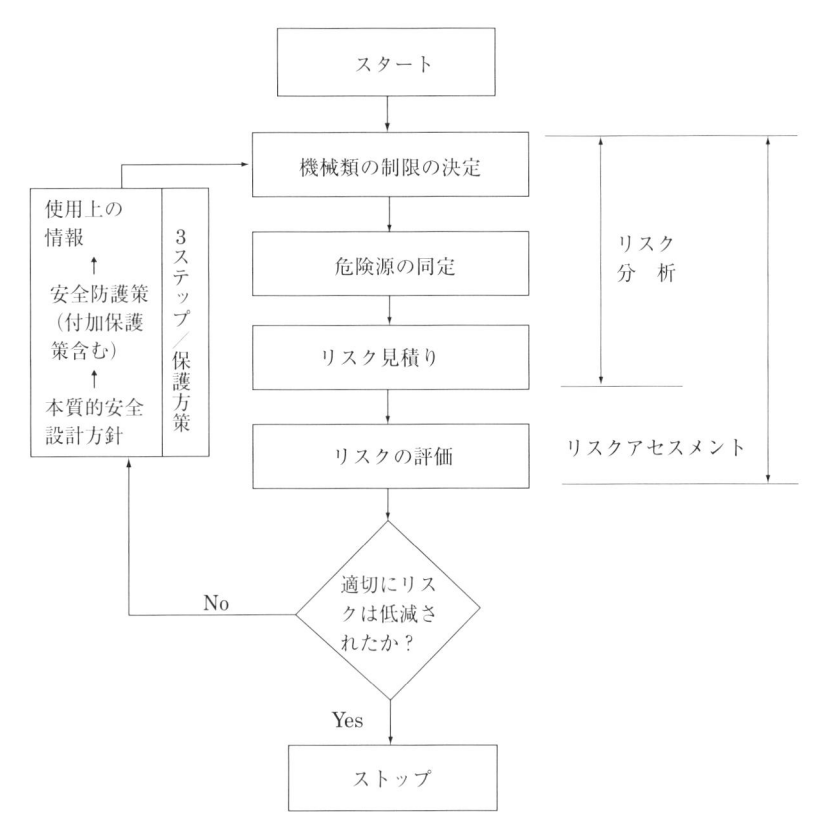

```
                    スタート
                       ↓
         ┌─→  機械類の制限の決定  ──┐
         │           ↓              │
使用上の  │       危険源の同定       │ リスク
情報     3│           ↓              │ 分 析
  ↑    ス│       リスク見積り       │
安全防護策テ│           ↓              │
(付加保護ッ│                          │
策含む)  プ│       リスクの評価       │ リスクアセスメント
  ↑    /│           ↓              │
本質的安全保│                          │
設計方針 護│      ┌─────────┐       │
         方│      │適切にリス│       │
         策│  No  │クは低減さ│       │
         └──────│れたか？  │       │
                  └─────────┘
                       ↓ Yes
                    ストップ
```

図 3.2 リスクアセスメント及びリスク低減の反復的プロセス

―人間工学原則の遵守
―制御システム設計上の安全原則
―安全機能故障の確率の最小化
―空圧／油圧設備の危険源防止　定格圧力　危険な流体の流出
―電気的危険源の防止　等

b) 危険区域への進入の必要性を低減する方法
　―設備の信頼性による危険源への暴露機会の制限
　―搬入（供給）／搬出（取り出し）作業の機械化及び自動化による危険

源への暴露機会の制限
― 設定（段取り等）及び保全の作業位置を危険区域外とすることによる危険源への暴露機会の制限

③ **保護方策―安全防護及び付加保護方策（ISO 12100-2）**

本質的安全設計方策により合理的に除去できない危険源，又は十分に低減できないリスクから人を保護するための安全防護物の使用による保護方策であり，次の三つに分類される．

　a)　ガード

　　　固定式ガード，可動式ガード，調整式ガード，制御式ガード等

　b)　保護装置

　　　両手操作式制御装置，インターロック装置，検知装置（ライトカーテン，レーザスキャナ等）等

　　　　　及び

　c)　付加保護方策

　　　非常停止，捕捉された人の脱出及び救助，遮断及びエネルギーの消散等

④ **保護方策―使用上の情報（ISO 12100-2）**

使用者に情報を伝えるための伝達手段（例えば，文章，語句，標識，信号，記号，図形）を個別に，又は組み合わせて使用する保護方策であり，大きく次の3方策に分類される．

　a)　信号及び警報装置

　b)　表示，標識（絵文字），警告文

　c)　附属文書（特に，取扱説明書）

なお，②保護方策―本質的安全設計方策，③保護方策―安全防護及び付加保護方策，④保護方策―使用上の情報の全体概略については，**図 3.3** 参照．

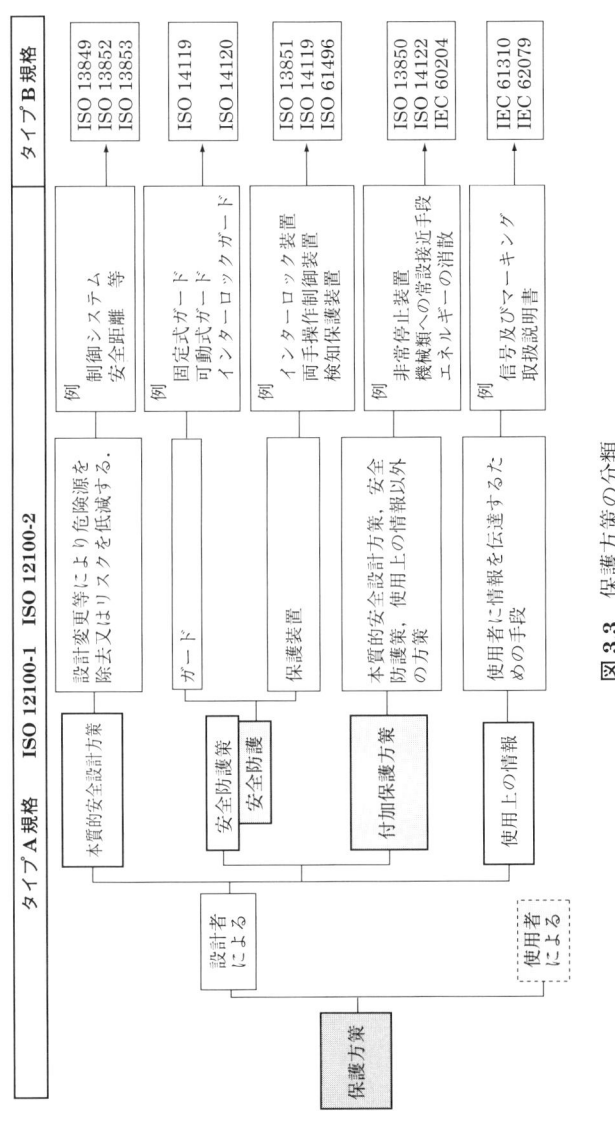

3.2 ISO 12100 の概要

タイプ A 規格	ISO 12100-1　ISO 12100-2		タイプ B 規格

- 本質的安全設計方策：設計変更等により危険源を除去又はリスクを低減する。
- ガード
  - 安全防護策
  - 安全防護
  - 例：固定式ガード、可動式インターロックガード — ISO 14119, ISO 14120
  - 例：制御システム、安全距離 等 — ISO 13849, ISO 13852, ISO 13853
- 保護装置
  - 例：インターロック制御装置、両手操作制御装置、検知保護装置 — ISO 13851, ISO 14119, ISO 61496
- 付加保護方策：本質的安全設計方策、安全防護策、使用上の情報以外の方策
  - 例：非常停止装置、機械類への常設接近手段、エネルギーの消散 — ISO 13850, ISO 14122, IEC 60204
- 使用上の情報：使用者に情報を伝達するための手段
  - 例：信号及びマーキング、取扱説明書 — IEC 61310, IEC 62079

設計者による / 使用者による → 保護方策

図 3.3 保護方策の分類

3.3 ISO における主な審議内容について

ISO/TC 199 の国際会議に筆者が参加した経験から，ここでは，2003年に ISO 12100 シリーズが制定されるまでの主な審議内容を紹介する．

① "どのレベルまでリスクを低減すべきか"について

審議途中"許容可能なリスク（tolerable risk）"の定義が提案された．しかし，ある国から「"tolerable risk"の"許容可能な"という表現は，受け入れることができない．"許容可能なリスクを達成する"から"適切にリスクを低減する"という表現に変更すべきだ」との意見が出された．これは，許容可能なリスクという表現を使用すると，ある一定の基準を示さなければならないという国情に配慮したためである．

最終的に ISO 12100-1:2003 では"許容可能なリスク"を削除し"適切なリスク低減"を定義した．また，"5.5 リスク低減目標の達成"で，3ステップメソッドを反復的に行い，適切にリスクが低減したかどうかを判断するための質問を列記し，肯定の答えを得ることができたとき適切に低減したと判断することにした．

② フェールセーフ条件（危険側故障の最小化）について

ISO 12100-1:2003 の前身である ISO/TR 12100-1:1992（TR B 0008:1999）等では"フェールセーフ条件（危険側故障の最小化）"を定義していたが，削除された．

日本は，この概念をこの規格で定義しておくべきであると提案したが，3ステップメソッドと整合しないこと，機械の故障に対して ISO 13849-1:1999（JIS B 9705-1:2000）"機械類の安全性—制御システムの安全関連部第1部"で規定したカテゴリ3，4に含まれているなどの理由で，最終的に削除された．

なお，このような議論を考慮して，フェールセーフに関する技術原則をまとめて編集し，ISO 12100-2:2003（JIS B 9700-2:2004）において"安全機能の故障の確率の最小化"を規定した．

引用・参考文献

1) ISO 12100-1:2003, Safety of machinery — Basic concepts, general principles for design — Part 1: Basic terminology, methodology
2) ISO 12100-2:2003, Safety of machinery — Basic concepts, general principles for design — Part 2: Technical principles
3) JIS B 9700-1:2004　機械類の安全性—設計のための基本概念，一般原則—第1部：基本用語，方法論［解説］
4) JIS B 9700-2:2004　機械類の安全性—設計のための基本概念，一般原則—第2部：技術原則［解説］

第4章 IEC 61508 制御システムの安全な設計

これまで，ISO/IEC Guide 51 と ISO 12100 を中心にして"安全"，"機械安全"を説明してきたが，本章では，これらの規格と同様に，現在，その重要性が増してきている IEC 61508 について簡単に紹介する．なお，この規格の詳細は，**本シリーズ第3巻**を参照されたい．

4.1 IEC 61508 とは

IEC 61508 は，"機能安全"（Functional safety）と呼ばれる場合が多いが，正式名称は"Functional safety of electrical/electronic/programmable electronic safety-related systems"であり，全7部から構成される膨大な規格である．JIS としては，JIS C 0508 シリーズ（電気・電子・プログラマブル電子安全関連系の機能安全）として，1999年から2000年にかけて，全7部が制定されている．ただし，これらの JIS は，IEC の第1版原案（CDV）に基づいて作成されたものであり，正式発行された IEC に基づいたものではない．

この規格は，近年のコンピュータなどのプログラマブル装置やマイクロプロセッサを用いたセンシングシステムが広く安全用にも適用されることが増えていることから，その解決策を提示するために生まれてきたものである．ISO 12100 や制御システムの安全性に関する ISO 13849 に代表される安全規格が，主にフェールセーフ概念やフォールト・トレランスにより，構造で安全性を確保しようとするのに対し，IEC 61508 は，危険側故障率を低減することにより，確率で安全性を確保しようとする規格である．

"機能安全"とは，安全に寄与する保護（安全）装置や保護（安全）システ

ムに向けられた概念であり，IEC 61508 は，その機能に関連する安全面を記述したものである．用語を定義する規格である IEC 61508-4 では，次のように規定されている．

IEC 61508-4:1998　3.1.9 より

機能安全（functional safety）：
　EUC と EUC 制御系の全体に関する安全のうち，E/E/PE 安全関連系，他技術安全関連系及びリスク軽減施設の正常な機能に依存する部分．

EUC: Equipment under control（被制御系）

ISO 12100 や ISO 13849 は，もともと欧州の機械指令の整合規格として主に CEN で EN 規格として作成されたものであり，その意味では，欧州の使用実績に基づいて確実性の高いものとして成立してきたのに対し，IEC 61508 は，英国，米国を中心に，はじめから IEC で議論してきた規格である．

IEC 61508 は，七つの部に分けて発行されている．各部のタイトルは，次のとおりである．また，**表 4.1** に各部の大まかな内容を示す．詳細な説明は，**本シリーズ第 3 巻**に譲る．

　　Part 1:　General requirements
　　　　　　（第 1 部：一般要求事項）
　　Part 2:　Requirements for electrical/electronic/programmable electronic safety-related systems
　　　　　　（第 2 部：電気・電子・プログラマブル電子安全関連系に対する要求事項）
　　Part 3:　Software requirements
　　　　　　（第 3 部：ソフトウェア要求事項）
　　Part 4:　Definitions and abbreviations
　　　　　　（第 4 部：用語の定義及び略語）
　　Part 5:　Examples of methods for the determination of safety integrity levels

(第 5 部：安全度水準決定方法の事例)

Part 6: Guidelines on the application of IEC 61508-2 and IEC 61508-3

(第 6 部：第 2 部及び第 3 部の適用指針)

Part 7: Overview of techniques and measures

(第 7 部：技術及び手法の概観)

表 4.1　IEC 61508 シリーズの要約

各部	規格の要約
第 1 部	安全ライフサイクル計画を用いて全安全計画の管理の仕方を規定している．計画の各段階で実施する要求事項を安全ライフサイクルとして規定している．
第 2 部	安全関連制御システムの設計要求事項を規定するとともに，装置の開発・設置・試験に関する詳細な手順を示している．
第 3 部	ソフトウェアエンジニアリングに関する要求事項を規定するとともに，安全度水準に対する特別な要求事項を規定している． この部は，主にコントローラのオペレーティングシステムの開発者のための規定を示している．
第 4 部	用語及び定義を示している． 一般安全用語 11 用語，機器及び装置 7 用語，一般的なシステム（系）用語 10 用語，安全にかかわるシステム（系）用語 5 用語，安全機能及び安全度用語 14 用語，フォールト，故障及びエラー用語 12 用語，ライフサイクル業務用語 4 用語，安全措置の確認用語 15 用語．
第 5 部	危険源分析を基にした安全度水準 SIL（Safety Integrity Level）要求事項を決定するための方法について助言を示している．
第 6 部	第 1 部，第 2 部，第 3 部の要求事項を実施する方法に関する助言を示している．
第 7 部	安全関連制御システムの設計業務を支援するための他の文献や技術に関する参照事項を示している．

4.2　全体の構成

IEC 61508-1 の安全ライフサイクルモデル（図 4.1 参照）に従って，プロジェクトのアクティビティを計画し，文書化することを要求しており，安全ライフサイクルの各段階で遂行すべきタスクの要求事項が示されている．安全ライ

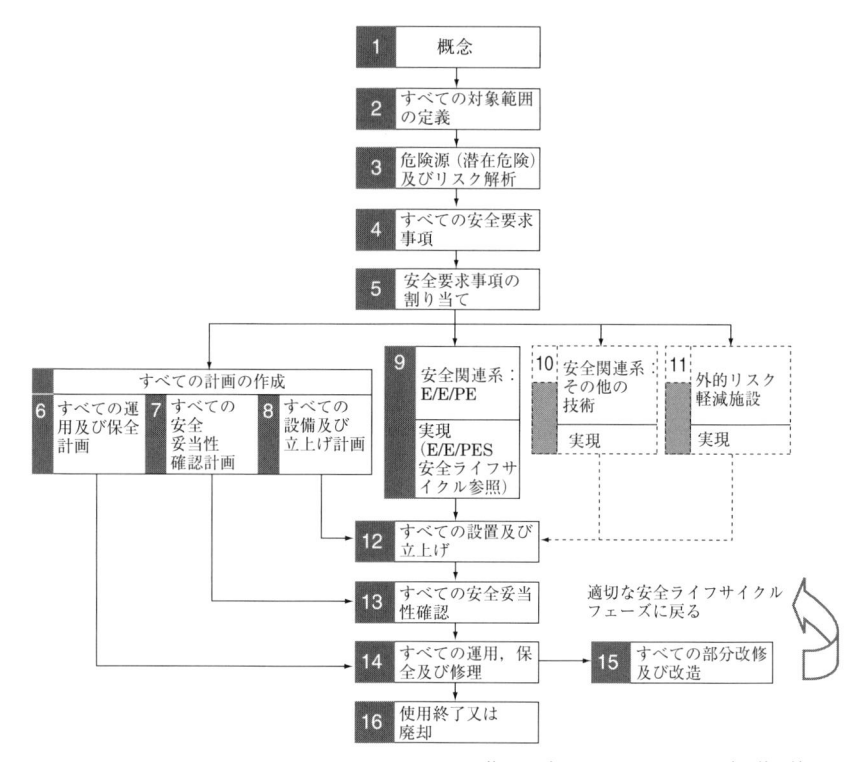

第 4 章　IEC 61508 制御システムの安全な設計

```
 1  概念
 ↓
 2  すべての対象範囲の定義
 ↓
 3  危険源（潜在危険）及びリスク解析
 ↓
 4  すべての安全要求事項
 ↓
 5  安全要求事項の割り当て
 ↓
 ┌─────────┬──────────┬──────────┐
 │         │          │          │
 6 すべての運用  7 すべての  8 すべての   9 安全関連系：   10 安全関連系   11 外的リスク
   及び保全    安全     設備及び     E/E/PE        その他の    軽減施設
   計画      妥当性    立上げ計画    実現          技術       実現
           確認計画              （E/E/PES       実現
                              安全ライフサ
                              イクル参照）
 ↓
 12  すべての設置及び立上げ
 ↓
 13  すべての安全妥当性確認
 ↓
 14  すべての運用，保全及び修理  →  15  すべての部分改修及び改造
 ↓                                   ↓ 適切な安全ライフサイクル
 16  使用終了又は廃却                   フェーズに戻る
```

注：10 と 11 は，IEC 61508 の適用範囲外

図 4.1　全安全ライフサイクル[5)]

フサイクルは，IEC 61508-4 では，次のように定義される．

―――――――――――――――――――――― IEC 61508-4:1998　3.7.1 より ――

安全ライフサイクル（safety lifecycle）：
　安全関連系の遂行上に必要な業務．プロジェクトの概念フェーズから出発してすべての E/E/PE 安全関連系，他技術安全関連系及び外的リスク軽減施設の必要性が終了するまでの期間に生じる．

―――――――――――――――――――――――――――――――――――――

　図 4.1 に従って，それぞれの要求事項が第 1 部で規定されており，詳細は，この規格の関連する部で規定されている．以降，図 4.1 のブロック 1 から 16 までについて，この規格の第 1 部の規定を用いて紹介する．なお，詳細な説

明は，**本シリーズ第 3 巻**をご参照いただきたい．

① 概　念（図 **4.1** の **1**）

概念設定以降の業務を推進するために必要な EUC（被制御系/Equipment under control）と，それが使用される物理的，法的要求事項の理解が目的とされ，要求される．

② すべての対象範囲の定義（図 **4.1** の **2**）

EUC 及び EUC 制御系の範囲を決定し，危険源（潜在危険）とリスク解析の範囲を規定することが要求される．

③ 危険源（潜在危険）及びリスク解析（図 **4.1** の **3**）

当該の EUC 及び EUC 制御系のすべての運転モードで生じる危険源（潜在危険）と危険事象を明確にし，この事象を生じる連鎖関係を明確にする．また，危険事象による当該 EUC リスクを明確にすることが要求される．

④ すべての安全要求事項（図 **4.1** の **4**）

同定した危険源に対して，要求される機能安全の達成のために，すべての E/E/PE 安全関連系，他技術安全関連系，外的リスク軽減施設に対し，安全機能要求事項及び安全度要求事項の仕様を展開することが要求される．

⑤ 安全要求事項の割り当て（図 **4.1** の **5**）

E/E/PE 安全関連系，他技術安全関連系，外的リスク軽減施設に対して，安全機能要求事項と安全度水準要求事項の仕様中の安全機能を割り当て，またその安全機能に対して安全度水準（表 4.2 及び表 4.3 参照）を割り当てる．

⑥ すべての運用及び保全計画（図 **4.1** の **6**）

運用及び保全の間，要求される機能安全維持を確実にするために，E/E/PE 安全関連系の運用及び保全計画を作成することが要求される．

⑦ すべての安全妥当性確認計画（図 **4.1** の **7**）

E/E/PE 安全関連系のすべての安全妥当性確認を行う計画を作成する

ことが要求される．

⑧ すべての設置及び立上げ計画（図 4.1 の❽）

要求される機能安全が達成できるように，統制された方法で E/E/PE 安全関連系を設置し，立ち上げるための計画を作成することが要求される．

⑨ 安全関連系 E/E/PE：実現（図 4.1 の❾）

E/E/PE 安全関連系の安全機能要求事項及び安全度要求事項に適合する E/E/PE 安全関連系の製造に関する要求事項が規定される．

⑩ 安全関連系：その他の技術（図 4.1 の❿）

この規格の適用範囲外

⑪ 外的リスク軽減施設（図 4.1 の⓫）

この規格の適用範囲外

⑫ すべての設置及び立上げ（図 4.1 の⓬）

E/E/PE 安全関連系を設置し，立ち上げる．設置・立上げ計画に従って，実行することが要求される．

⑬ すべての安全妥当性確認（図 4.1 の⓭）

⑤を考慮し，すべての安全機能要求事項及び安全度要求事項を用いたすべての安全要求事項の仕様に E/E/PE 安全関連系が適合するか否か，その妥当性確認が要求される．

⑭ すべての運用，保全及び修理（図 4.1 の⓮）

要求される機能安全を維持するために，E/E/PE 安全関連系を運用，保全及び修理することが要求される．

⑮ すべての部分改修及び改造（図 4.1 の⓯）

E/E/PE 安全関連系の機能安全が，部分改修及び改造の間，及びその後にも，適切であることを確実とすることが要求される．

⑯ 使用終了及び廃却（図 4.1 の⓰）

E/E/PE 安全関連系の機能安全が EUC の使用停止又は廃却中及びその後に適切であることを確実とすることが要求される．

なお，この規格の要求事項を満たすためには，さらに各段階で必要な情報を文書化することが要求されている．この情報は，次の段階に引き継ぐために使用されるとともに，適合確認業務に使用される．

4.3 その他重要事項

① 適合確認（Verification）

図 4.1 にはないが，ある段階から次の段階への引継ぎ事項が，各段階の目的と要求事項に適合しているかどうかを確認することが要求されている．

② 機能安全の評価

E/E/PE 安全関連系の機能安全について調査し，判定することが要求され，この評価者は，1名以上任命することが要求され，かつ関連組織からの干渉などを避けるため，その評価者の独立性が規定される．

以上，簡単に内容の紹介をしたが，この規格のポイントとしては，①機能安全の管理が，システムの設計と同等に重要視されていること，②技術上の要求事項は，ハードウェアに加え，ソフトウェアも含むこと，③文書化が重要な規定として取り上げられていることなどがあげられる．

表 4.2 安全度水準

(低頻度作動要求モードで運用する E/E/PE 安全関連系に割り当てられる安全機能に対する目標機能失敗尺度)

安全度水準	低頻度作動要求モード＊ （作動要求あたりの設計上の機能失敗平均確率）
4	10^{-5} 以上 10^{-4} 未満
3	10^{-4} 以上 10^{-3} 未満
2	10^{-3} 以上 10^{-2} 未満
1	10^{-2} 以上 10^{-1} 未満

＊ 安全関連系への作動要求の頻度が1回/年より大きくなく，かつ，プルーフテストの頻度の2倍より大きくない場合．

第4章　IEC 61508 制御システムの安全な設計

表 4.3　安全度水準
(高低頻度作動要求モード及び連続モードで運用する E/E/PE 安全関連系に割り当てられる安全機能に対する目標機能失敗尺度)

安全度水準	高低頻度作動要求モード及び連続モード * (単位時間あたりの危険側故障確率)
4	10^{-9} 以上 10^{-8} 未満
3	10^{-8} 以上 10^{-7} 未満
2	10^{-7} 以上 10^{-6} 未満
1	10^{-6} 以上 10^{-5} 未満

＊　安全関連系への作動要求の頻度が1回/年より大きい，又はプルーフテストの頻度の2倍より大きい場合．

引用・参考文献

1) Dave Macdonald (2004): Practical Machine Safety, Newnes
2) IEC 61508-3:1998　Functional safety of electrical/electronic/programmable electronic safety-related systems ― Part 3: Software requirements
3) IEC 61508-5:1998　Functional safety of electrical/electronic/programmable electronic safety related systems ― Part 5: Examples of methods for the determination of safety integrity levels
4) IEC/TR 61508-0:2005　Functional safety of electrical/electronic/programmable electronic safety-related systems ― Part 0: Functional safety and IEC 61508
5) JIS C 0508-1:1999　電気・電子・プログラマブル電子安全関連系の機能安全―第1部：一般要求事項
6) JIS C 0508-4:1999　電気・電子・プログラマブル電子安全関連系の機能安全―第4部：用語の定義及び略語
7) JIS C 0508-5:1999　電気・電子・プログラマブル電子安全関連系の機能安全―第5部：安全度水準決定方法の事例

第5章 日本の機械安全にかかわる規制

5.1 労働安全衛生法における製造者等への規制

日本における機械の安全に関連する法律としては，一般に産業用途に使用される機械を規制する厚生労働省所管の"労働安全衛生法"があるが，この法律は，主に事業者を対象としたものであり，直接的に機械の製造者を対象としているものではない．事業者とは，"事業を行う者で，労働者を使用するもの"をいい，事業場で設計・製造され，製品として出荷されるものを対象としているものではない．

ただし，この法律に，製造者等を規制する条項が全くないわけではない．製造者等に関する条項として，労働安全衛生法の第三条2に，次のようにある．

---- 労働安全衛生法

> 第三条2　機械，器具その他の設備を設計し，製造し，若しくは輸入する者，原材料を製造し，若しくは輸入する者又は建設物を建設し，若しくは設計する者は，これらの物の設計，製造，輸入又は建設に際して，これらの物が使用されることによる労働災害の発生の防止に資するように努めなければならない．
> 　　　　　　　　　　　　　　　　（注：傍点は，著者により追加．）

この箇条では，製造者等の安全配慮事項が規定されている．最後に"資するように努めなければならない"とあるが，これはあくまで努力義務としての規定であることを示している．

また，労働安全衛生法で製造者等を規制する条項としては，次がある．
  (1)　第三七条から第四一条"特に危険な作業を必要とする機械等"
  (2)　第四三条"動力により駆動される機械等で，作動部分上の突起物又

は動力伝達部分若しくは調速部分に厚生労働省で定める防護措置が施されていないもの"

(3) 第四二条及び第四四条から第四四条4 "特定機械等以外の機械等で，(中略) 危険若しくは有害な作業を必要とするもの，危険な場所において使用するもの又は危険若しくは健康障害を防止するために使用するもの"

(1) では，特定機械等として次が指定されている．
　一　ボイラー
　二　第一種圧力容器（圧力容器であって政令で定めるものをいう．）
　三　クレーン
　四　移動式クレーン
　五　デリック
　六　エレベーター
　七　建設用リフト
　八　ゴンドラ

(2) では，"動力により駆動される機械等で，作動部分上の突起物又は動力伝導部分若しくは調速部分に厚生労働省令で定める防護のための措置が施されていないものは，譲渡し，貸与し，又は譲渡若しくは貸与の目的で展示してはならない"としている．

(3) では，特定機械等以外の機械であり，労働者に危害を及ぼすおそれの大きいものについては，構造上の安全対策，保護方策をとる必要があり，
　① 動力により駆動されるプレス機械，エックス線装置などのように危険若しくは有害な作業を必要とするもの
　② 防爆構造電気機械器具のように危険な場所で使用するため安全性能に厳しい要件を必要とするもの
　③ 安全装置や保護具のように危害防止のために使用するもの

などのうち，厚生労働大臣が定める規格又は安全装置を備えなければ，譲渡，貸与又は設置してはならない．

上記 (1) から (3) までに適合するための基準としては，労働省の告示として，さまざまな構造規格が出されている．

なお，労働安全衛生法第三条 2 が努力義務であるのに対し，これらの規制は強制となっている．

日本における機械の安全性に関する規制については，第三条 2 は，規制範囲が包括的な内容であるが，強制力の伴わないものであり，第三七条から第四四条の規制は，規制範囲が限定的であり，包括的な規制ではないが強制力を伴っている．また，これらの規制を満足するために準備された構造規格は，その名が示すとおり，機械を安全に設計するために，その構造を規格で定めて画一的な安全性を要求するものであり，その意味では，現在の技術水準を満たさない可能性がある．

理想的にいえば，日本の労働安全衛生法も，第三条 2 に強制力を持たせ，かつ第三七条から第四四条までの条項で規制される機械等の技術基準を，国際安全規格のようにリスクアセスメントに基づいた性能規格とするのが望ましいと思われる．

5.2 機械の包括的な安全基準に関する指針と労働安全衛生法の改正

平成 13 年 6 月 1 日（基発第 501 号），厚生労働省労働基準局長から都道府県労働局長宛に，画期的な通達が出された．この通達が"機械の包括的な安全基準に関する指針"と呼ばれるもので，その内容は，ISO 12100 に基づいた機械の安全化を示すものである．

日本における従来のものと異なり，幅広く機械類一般を対象にし，またリスクアセスメントと 3 ステップメソッドといわれる安全方策の内容を取り入れたものであり，国際的な流れに沿うものである．内容は，ISO 12100 をもとにしていることもあり，これまで説明してきた ISO 12100 とほぼ同一の内容であるが，事業者における対策もその範囲としている．

次に，"機械の包括的な安全基準に関する指針"の主な内容と特徴を示す．

① 目　的
　　すべての機械に適用できる包括的な安全方策等に関する基準
② 適用範囲
　　製造者及び事業者
③ 製造者等による機械のリスク低減のための手順
　　製造者等によるリスクアセスメントと安全方策（3ステップメソッド）の実施．次の優先順位付けで対策を講じる．
　　・本質安全設計
　　・安全防護
　　・追加の安全方策
　　・使用上の情報（提供方法，提供内容）
　　・留意事項
④ リスク低減のための措置の記録
　　リスクアセスメントの結果，リスク低減措置の記録
⑤ 事業者によるリスク低減の手順
　　使用上の情報の確認，必要に応じてリスクアセスメントの実施
⑥ 注文時の条件
　　注文するときは，本指針の趣旨に反しないように配慮すること

　また，包括的な安全基準に関する指針に加え，最近では，平成18年4月1日に労働安全衛生法が改正され，第二八条の1において，従来から規定されていた危害の防止基準の遵守に加え，第二八条の2として"事業者の行うべき調査等"が追加された（表5.1参照）．この追加条項は，事業者が，リスクアセスメントを実施することを意味しており，その結果に基づいて，事業者は労働者の危険又は健康障害を防止するための措置を講じることを要求したものである．

　日本においても，徐々にではあるが，国際安全基準の考え方が浸透してきており，さらなる加速が望まれるところである．

5.2 機械の包括的な安全基準に関する指針と労働安全衛生法の改正　123

表 5.1　労働安全衛生法の改正―新旧対照表

労働安全衛生法（昭和四十七年法律第五十七号）

改正案	現行
目次 第五章　機械等並びに危険物及び有害物に関する規制 第二節　危険物及び有害物に関する規制（第五十五条―第五十八条） （統括安全衛生責任者） 第十五条　（略） 2・3　（略） 4　第一項又は前項の規定に定めるもののほか、第二十五条の二第一項に規定する仕事が数次の請負契約によって行われる場合においては、第一項又は前項の規定により統括安全衛生責任者を選任した事業者は、統括安全衛生責任者に第三十条の二第五項において準用する第二十五条の二第二項の規定により技術的事項を管理する者の指揮をさせるとともに、同条第一項各号の措置を統括管理させなければならない。 5　（略） <u>（事業者の行うべき調査等）</u> <u>第二十八条の二　事業者は、厚生労働省令で定めるところにより、建設物、設備、原材料、ガス、蒸気、粉じん等による、又は作業行動その他業務に起因する危険性又は有害性等を調査し、その結果に基づいて、この法律又はこれに基づく命令の規定による措置を講ずるほか、労働者の危険又は健康障害を防止するため必要な措置を講ずる</u>	目次 第五章　機械等並びに有害物に関する規制 第二節　有害物に関する規制（第五十五条―第五十八条） （統括安全衛生責任者） 第十五条　（略） 2・3　（略） 4　第一項又は前項の規定に定めるもののほか、第二十五条の二第一項に規定する仕事が数次の請負契約によって行われる場合においては、第一項又は前項の規定により統括安全衛生責任者を選任した事業者は、統括安全衛生責任者に第三十条の二第五項において準用する第二十五条の二第二項の規定により技術的事項を管理する者の指揮をさせるとともに、同条第一項各号の措置を統括管理させなければならない。 5　（略）

（傍線部分は改正部分）

引用・参考文献

1) 厚生労働省
   http://www.mhlw.go.jp/
   ・基発第501号：機械の包括的な安全基準に関する指針（平成13年6月1日）他
2) 畠中信夫(2001)：労働安全衛生法のはなし，中央労働災害防止協会

付録 1　ISO/TC 199 の担当する規格一覧

No.	規格番号	規格名称	対応 JIS
1	ISO 12100-1	機械類の安全性―設計のための基本概念，一般原則―第 1 部：基本用語，方法論 Safety of machinery — Basic concepts, general principles for design — Part 1: Basic terminology, methodology	JIS B 9700-1
2	ISO 12100-2	機械類の安全性―設計のための基本概念，一般原則―第 2 部：技術原則 Safety of machinery — Basic concepts, general principles for design — Part 2: Technical principles	JIS B 9700-2
3	ISO 13849-1	機械類の安全性―制御システムの安全関連部―第 1 部：設計のための一般原則 Safety of machinery — Safety-related parts of control systems — Part 1: General principles for design	JIS B 9705-1
4	ISO 13849-2	機械類の安全性―制御システムの安全関連部―第 2 部：妥当性確認 Safety of machinery — Safety-related parts of control systems — Part 2: Validation	
5	ISO/TR 13849-100	機械類の安全性―制御システムの安全関連部―第 100 部： ISO 13849-1 の使用及び適用設計のための一般原則を適用するためのガイドライン Safety of machinery — Safety-related parts　of control systems	

No.	規格番号	規格名称	対応 JIS
		— Part 100: Guidelines for the use and application of ISO 13849-1	
6	ISO 13850	機械類の安全性―非常停止―設計原則 Safety of machinery — Emergency stop — Principles for design	JIS B 9703
7	ISO 13851	機械類の安全性―両手操作制御装置―機能的側面及び設計原則 Safety of machinery — Two-hand control devices — Functional aspects and design principles	JIS B 9712
8	ISO 13852	機械類の安全性―危険区域に上肢が到達することを防止するための安全距離 Safety of machinery — Safety distances to prevent danger zones being reached by the upper limbs	JIS B 9707
9	ISO 13853	機械類の安全性―危険区域に下肢が到達することを防止するための安全距離 Safety of machinery — Safety distances to prevent danger zones being reached by the lower limbs	JIS B 9708
10	ISO 13854	機械類の安全性―人体部位が押しつぶされることを回避するための最小隙間 Safety of machinery — Minimum gaps to avoid crushing of parts of the human body	JIS B 9711
11	ISO 13855	機械類の安全性―人体部位の接近速度に基づく保護設備の位置決め Safety of machinery — Positioning of protective equipment with respect to the approach speeds of parts of the human body	JIS B 9715
12	ISO 13856-1	機械類の安全性―圧力検知保護装置―第1部:圧力検知マット及び圧力検知フロアの一般原則及び試験	

No.	規格番号	規格名称	対応 JIS
		Safety of machinery — Pressure-sensitive protective devices — Part 1: General principles for design and testing of pressure-sensitive mats and pressure-sensitive floors	
13	ISO 13856-2	機械類の安全性—圧力検知保護装置—第 2 部：圧力検知エッジ及び圧力検知バーの設計及び試験のための一般原則 Safety of machinery — Pressure-sensitive protective devices — Part 2: General principles for the design and testing of pressure sensitive edges and pressure-sensitive bars	
14	ISO/DIS 13856-3	機械類の安全性—圧力検知保護装置—第 3 部：圧力感知バンパー，プレート，ワイヤ及び類似のデバイスの設計及び試験の一般原則 Safety of machinery — Pressure-sensitive protective devices — Part 3: General principles for the design and testing of pressure-sensitivite bumpers, plates, wires and similar devices	
15	ISO 14118	機械類の安全性—予期しない起動の防止 Safety of machinery — Unexpected start-up	JIS B 9714
16	ISO 14119	機械類の安全性—ガードと共同するインタロック装置—設計及び選択の原則 Safety of machinery — Interlocking devices associated with guards — Principles for design and selection	JIS B 9710
17	ISO 14120	機械類の安全性—ガード—固定式及	JIS B 9716

No.	規格番号	規格名称	対応 JIS
		び可動式ガードの設計及び製作のための一般要求事項 Safety of machinery ― Guards ― General requirements for the design and construction of fixed and movable guards	
18	ISO 14121	機械類の安全性―リスクアセスメントの原則 Safety of machinery ― Principles of risk assessment	JIS B 9702
19	ISO/WDTR 14121-2	機械類の安全性―リスクアセスメント―実践ガイド及び方法の例 Safety of machinery―Risk assessment ― Part 2: Practical guidance and examples of methods	
20	ISO 14122-1	機械類の安全性―機械類への常設接近手段―第1部：高低差のある2か所間の固定された昇降設備の選択 Safety of machinery ― Permanent means of access to machinery ― Part 1: Choice of fixed means of access between two levels	JIS B 9713-1
21	ISO 14122-2	機械類の安全性―機械類への常設接近手段―第2部：作業用プラットフォーム及び通路 Safety of machinery ― Permanent means of access to machinery ― Part 2: Working platforms and walkways	JIS B 9713-2
22	ISO 14122-3	機械類の安全性―機械類への常設接近手段―第3部：階段，段ばしご及び防護さく（柵） Safety of machinery ― Permanent means of access to machinery ― Part 3: Sairs, stepladders and guard-rails	JIS B 9713-3
23	ISO 14122-4	機械類の安全性―機械類への常設接近手段―第4部：固定はしご	JIS B 9713-4

付　録　1

No.	規格番号	規格名称	対応 JIS
		Safety of machinery — Permanent means of access to machinery — Part 4: Fixed ladders	
24	ISO 14123-1	機械類の安全性—機械類から放出される危険物質による健康へのリスクの低減—第 1 部：機械類製造者のための原則及び仕様 Safety of machinery — Reduction of risks to health from hazardous substances emitted by machinery — Part 1: Principles and specifications for machinery manufacturers	JIS B 9709-1
25	ISO 14123-2	機械類の安全性—機械類から放出される危険物質による健康へのリスクの低減—第 2 部：検証手順に関する方法論 Safety of machinery — Reduction of risks to health from hazardous substances emitted by machinery — Part 2: Methodology leading to verification procedures	JIS B 9709-2
26	ISO 14159	機械類の安全性—機械類設計のための衛生要求事項 Safety of machinery — Hygiene requirements for the design of machinery	
27	ISO/TR 18569	機械類の安全性—機械の安全性規格の理解及び使用のガイドライン Safety of machinery — Guideline for the understanding and use of safety of machinery standards	
28	ISO 11161	産業用自動化システム—統合生産システムの安全性—基本要求事項 Industrial automation systems — Safety of integrated manufacturing systems — Basic requirements	
29	ISO 19353	機械類の安全性—火災防止及び保護	

No.	規格番号	規格名称	対応 JIS
		Safety of machinery — Fire prevention and protection	
30	ISO 21469	機械類の安全性—製品と接触する潤滑剤—衛生要求事項 Safety of machinery — Lubricants with incidental product contact — Hygiene requirements	

131

付録 2 IEC/TC 44 の担当する規格一覧

No.	規格番号, 発行年月	規格名称	JIS 化状況
1	IEC 60204-1	機械類の安全性—機械の電気装置—第 1 部：一般要求事項 Safety of machinery — Electrical equipments of machines — Part 1: General requirements	JIS B 9960-1
2	IEC 60204-11	機械類の安全性—機械の電気装置—第 11 部：1000Va.c. 又は直流 1500V を超え 36kV 以下の高電圧装置に対する要求事項 Safety of machinery — Electrical equipment of machines — Part 11: Requirements for HV equipment for voltages above 1000 V a.c. or 1500 V d.c. and not exceeding 36 kV	JIS B 9960-11
3	IEC 60204-31	機械類の安全性—機械の電気装置—第 31 部：縫製機械，縫製ユニット及び縫製システムの安全性と EMC に対する要求事項 Safety of machinery — Electrical equipment of machines — Part 31: Particular safety and EMC requirements for sewing machines, units and systems	JIS B 9960-31
4	IEC 60204-32	機械類の安全性—機械の電気装置—第 32 部：巻上機械に対する要求事項 Safety of machinery — Electrical equipment of machines — Part 32: Requirements for hoisting machines	JIS B 9960-32
5	IEC 60204-33	機械類の安全性—機械の電気装置—	

No.	規格番号, 発行年月	規格名称	JIS化状況
	(作成中)	第33部：半導体製造装置に対する要求事項 Safety of machinery ― Electrical equipment of machines ― Part 32: Rerquirements for semiconductor fabrication equipment	
6	IEC 61310-1	機械類の安全性―表示，マーキング及び作動―第1部：視覚，聴覚及び触覚シグナルの要求事項 Safety of machinery ― Indication, marking and actuation ― Part 1: Requirements for visual, auditory and tactile signals	JIS B 9706-1
7	IEC 61310-2	機械類の安全性―表示，マーキング及び作動―第2部：マーキングの要求事項 Safety of machinery ― Indication, marking and actuation ― Part 2: Requirements for marking	JIS B 9706-2
8	IEC 61310-3	機械類の安全性―表示，マーキング及び作動―第3部：アクチュエータの配置及び操作に対する要求事項 Safety of machinery ― Indication, marking and actuation ― Part 3: Requirements for the location and operation of actuators	JIS B 9706-3
9	IEC 61496-1	機械類の安全性―電気的検知保護設備―第1部：一般要求事項及び試験 Safety of machinery ― Electro-sensitive protective equipment ― Part 1: General requirements and tests	JIS B 9704-1
10	IEC 61496-2	機械類の安全性―電気的検知保護設備―第2部：能動的光電保護装置を使う設備に対する要求事項 Safety of machinery ― Electro-sensitive protective equipment ―	JIS B 9704-2

付　録　2

No.	規格番号, 発行年月	規格名称	JIS 化状況
		Part 2: Particular requirements for equipment using active opto-electronic protective devices (AOPDs)	
11	IEC 61496-3	機械類の安全性―電気的検知保護設備―第 3 部：拡散反射形能動的光電子保護装置（AOPDDR）に関する特定要求事項 Safety of machinery ― Electro-sensitive protective equipment ― Part 3: Particular requirements for Active Opto-electronic Protective Devices responsive to Diffuse Reflection (AOPDDR)	JIS B 9704-3
12	IEC 61496-4 (TS)	機械類の安全性―電気的検知保護装置―第 4 部：映像利用保護装置を使う設備に対する要求事項 Safety of machinery ― Electro-sensitive protective equipmnet (ESPE)― Part 4: Particular requirements for equipment using vision based protective devices	
13	IEC/TS 62046	機械類の安全性―人検出用保護装置の適用 Safety of machinery ― Application of protective equipment to detect the presence of persons	
14	IEC 62061	機械類の安全性―安全関連電気，電子及びプログラマブル電子制御システムの機能安全 Safety of machinery ― Functional safety of safety-related electrical, electronic and programmable electronic control systems	
15	ISO 13850 （ISO と共同で開発）	機械類の安全性―非常停止―設計原則 Safety of machinery ― Emergency stop ― Principles for design	JIS B 9703

付録3 厚生労働省"機械の包括的な安全基準に関する指針"

1 目的

機械の包括的な安全基準に関する指針(以下"指針"という.)は,機械の製造者等が機械の設計,製造等を行う場合及び事業者が機械を労働者に使用させる場合において,機械のリスクを低減させ,機械の安全化を図るため,すべての機械に適用できる包括的な安全方策等に関する基準を定めたものであり,製造者等による安全な機械の製造等及び事業者による機械の安全な使用を促進し,もって機械による労働災害の防止に資することを目的とするものである.

2 適用の範囲

指針は,機械の設計及び製造等を行う製造者等並びに当該機械を労働者に使用させる事業者に適用する.

3 用語の定義

指針において,次の各号に掲げる用語の意義は,それぞれ当該各号に定めるところによる.
(1) 機械　材料の加工,処理,移動,梱包等の特定の用途のために部品又は構成品を組み合わせたものであって,機械的な作動機構,制御部及び動力部を有し,当該部品又は構成品のうち少なくとも一つが動くものをいう.
(2) 危険源　労働災害を引き起こす根源をいう.
(3) 危険状態　労働者が危険源にさらされる状態をいう.
(4) リスク　労働災害の発生する確率とその労働災害の大きさを組み合わせ

ることによって表す，危険性の評価のための指標をいう．

(5) リスクアセスメント　利用可能な情報を用いて危険源及び危険状態を特定し，当該危険源及び危険状態のリスクを見積もり，かつ，その評価をすることによって，当該リスクが許容可能か否かを判断することをいう．

(6) 使用上の情報　機械を安全に使用するために製造者等が提供する情報であって，表示又は警告表示の貼付，信号装置又は警報装置の設置，取扱説明書等の文書の交付，教育訓練の実施等により行われるものをいう．

(7) 製造者等　機械の設計，製造又は改造を行う者及び機械を輸入した者をいう．

(8) 安全方策　リスクの低減（危険源の除去を含む．以下同じ．）のための手段をいう．この安全方策には，製造者等が行う本質的な安全設計，安全防護，追加の安全方策及び使用上の情報の提供並びに事業者が行う作業の実施体制の整備，作業手順の作成，安全防護物の設置，保護具の備付け及び労働者に対する教育訓練の実施等を含む．

(9) 本質的な安全設計　機械の設計を工夫することにより安全防護物等の付加的な設備の設置を行うことなくリスクの低減を行う安全方策をいう．

(10) 安全防護装置　機械に取り付けることにより，単独で，又はガードと組み合わせて使用する光線式安全装置，両手操作式安全装置等のリスクの低減のための装置をいう．

(11) 安全防護物　ガード又は安全防護装置をいう．

(12) 安全防護　安全防護物の設置による安全方策をいう．

(13) 追加の安全方策　労働災害に至る緊急事態からの回避等のために行う安全方策（本質的な安全設計，安全防護及び使用上の情報の提供以外のものに限る．）をいう．

(14) 製造等における残存リスク　製造者等が設備上の安全方策（本質的な安全設計，安全防護及び追加の安全方策をいう．以下同じ．）を講じた後に残るリスクをいう．

(15) 意図する使用　使用上の情報により示される製造者等が予定している目的及び方法による機械の使用をいう．

(16) 合理的に予見可能な誤使用　製造者等が意図しない目的又は方法による機械の使用であって，容易に予見可能な人間の共通的な行動特性により行われるものをいう．

4 製造者等による機械のリスク低減のための手順

(1) 製造者等は，機械の設計，製造若しくは改造又は輸入した機械の譲渡若しくは貸与（以下"製造等"という．）を行うときは，当該機械のリスクアセスメントを行うこと．

(2) 製造者等は，製造等を行う機械のリスクアセスメントを行った結果，リスクが許容可能な程度に低減されていないと判断された当該機械の危険源及び危険状態については，必要な安全方策を行い，当該機械のリスクを低減すること．

5 リスクアセスメントの方法

(1) 製造等を行う機械のリスクアセスメントは，次に定める順序により行うこと．

　ア　機械が使用等される状況を特定すること．
　イ　機械の危険源及び危険状態を特定すること．
　ウ　特定された機械の危険源及び危険状態のリスクを見積もること．
　エ　見積もったリスクを評価し，リスクの低減の必要性の有無を決定すること．

(2) 機械が使用等される状況には，次のものを含めること．

　ア　機械の意図する使用が行われる状況
　イ　機械の段取り，異常に対する措置，そうじ，検査，修理，運搬，据付け，試運転，廃棄等の作業が行われる状況
　ウ　機械に故障，異常等が発生している状況

エ　機械の合理的に予見可能な誤使用が行われる状況
　　オ　機械に関係労働者等が接近している状況

6　製造者等による安全方策の実施

(1) 製造者等による機械のリスクを低減するための安全方策は，次に定める順序により行うこと．
　　ア　本質的な安全設計を行うこと．
　　イ　本質的な安全設計により許容可能な程度に低減できないリスクについては，必要な安全防護及び追加の安全方策を行うこと．
　　ウ　本質的な安全設計並びに安全防護及び追加の安全方策により許容可能な程度に低減できないリスクについては，使用上の情報の中で機械を譲渡し，又は貸与する者に提供すること．
(2) 製造者等は，安全方策を行うときは，新たな危険源又はリスクの増加を生じないよう留意すること．

7　製造者等が行う安全方策の具体的方法等

(1) 本質的な安全設計の方法
　　製造者等は，別表第1に定める方法その他適切な方法により本質的な安全設計を行うこと．
(2) 機械的危険源に対する安全防護の方法
　　製造者等は，別表第2に定める方法その他適切な方法により危険源のうち機械の運動部分の動作に伴うものに対する安全防護を行うこと．
(3) 追加の安全方策の方法
　　製造者等は，別表第3に定める方法その他適切な方法により追加の安全方策を行うこと．
(4) 使用上の情報の提供
　　ア　製造者等は，別表第4に定める事項その他機械を安全に使用するために必要な事項を使用上の情報として提供すること．

イ　製造者等は，別表第5に定める方法その他適切な方法により使用上の情報を提供すること．

ウ　製造者等は，設備上の安全方策により低減が可能であるリスクについては，使用上の情報の提供を行うことにより設備上の安全方策に代えてはならないこと．

(5)　安全方策に係る留意事項

製造者等は，安全方策を行うときは，危険の種類等に応じ，別表第6に定める事項に留意すること．

8　リスク低減のための措置の記録

製造者等は，製造等を行う機械のリスクアセスメントの結果及び実施した安全方策の内容その他の本指針に基づき機械のリスクの低減のために行った措置を記録すること．

9　事業者によるリスク低減の手順

(1)　事業者は，機械を労働者に使用させるときは，製造者等から提供された使用上の情報の内容を確認すること．この場合において，事業者は，必要に応じて，リスクアセスメントを行うこと．

(2)　事業者は，使用上の情報又は自ら行ったリスクアセスメントの結果に基づき，必要な安全方策を行うこと．

10　注文時の条件

機械の製造等を注文する者は，当該注文の条件が本指針の趣旨に反することのないように配慮すること．

別表第1　本質的な安全設計の方法

1　危険を及ぼすおそれのある鋭利な端部，角，突起物等を除去すること．

2　労働者の身体の一部がはさまれること等による危険を防止するため，機械

の形状，寸法等及び機械の駆動力等を次に定めるところによるものとすること．
- (1) はさまれるおそれのある部分については，身体の一部が進入できない程度に狭くするか，又ははさまれることがない程度に広くすること．
- (2) はさまれたときに，身体に被害が生じない程度に駆動力を小さくすること．
- (3) 激突されたときに，身体に被害が生じない程度に運動エネルギーを小さくすること．
3 機械の損壊等による危険を防止するため，機械の強度等については，次に定めるところによるものとすること．
- (1) 適切な強度計算等により，機械各部に生じる応力を制限すること．
- (2) 安全弁等の過負荷防止機構により，機械各部に生じる応力を制限すること．
- (3) 機械に生じる腐食，経年劣化，磨耗等を考慮して材料を選択すること．
4 有害性のない材料の使用，本質安全防爆構造電気機械器具の使用等の本質安全の技術を使用すること．
5 労働者の身体的負担の軽減，誤操作等の発生の抑止等を図るため，人間工学に基づく配慮を次に定めるところにより行うこと．
- (1) 労働者の身体の大きさ等に応じて機械を調整できるようにし，作業姿勢及び作業動作を労働者に大きな負担のないものとすること．
- (2) 機械の作動の周期及び作業の頻度については，労働者に大きな負担を与えないものとすること．
- (3) 通常の作業環境の照度では十分でないときは，照明設備を設けることにより作業に必要な照度を確保すること．
6 制御システムの故障等による危険を防止するため，制御システムについては次に定めるところによるものとすること．
- (1) 部品及び構成品は信頼性の高いものを使用すること．
- (2) 起動は，制御信号のエネルギーの低い状態から高い状態への移行による

ものとすること．また，停止は，制御信号のエネルギーの高い状態から低い状態への移行によるものとすること．
(3) 機械が安全防護装置の作動等によって停止したときは，当該機械は，運転可能な状態に復帰した後においても再起動の操作をしなければ運転を開始しないようにすること．
(4) 安全上重要な部分に，非対称故障特性，冗長系，異種冗長化構成，自動監視等の安全技術を用いること．
(5) プログラム可能な制御装置にあっては，故意又は過失によるプログラムの変更が容易にできないようにすること．
(6) 電磁ノイズによる機械の誤動作の防止及び他の機械の誤動作を引き起こすおそれのある不要な電磁波の放射の防止のための措置を行うこと．
7 危険状態が次に定めるところにより生じないようにすること．
 (1) 機械の運動部分が動作する領域の外側から作業を行えるようにすること．
 (2) 機械への材料の供給又は加工，製品の取り出し等の作業を自動化すること．

別表第2 機械的危険源に対する安全防護の方法

1 安全防護は，安全防護を行うべき領域（以下"安全防護領域"という．）について，固定ガード，可動ガード若しくは調節ガード又は光線式安全装置，両手操作式安全装置等の安全防護物を設けることにより行うこと．
2 安全防護領域は次に定める領域を考慮して定めること．
 (1) 危険源となる運動部分が動作する最大の領域（以下"最大動作領域"という．）
 (2) 設置する安全防護物の種類に応じ，当該安全防護物が有効に機能するために必要な距離を確保するための領域
 (3) 労働者が最大動作領域に進入して作業を行う必要がある場合には，進入する身体の部位に応じ，はさまれ防止のために必要な空間を確保するた

めの領域

3 安全防護物の設置は，機械の使用等される状況に応じ，次に定めるところにより行うこと．
 (1) 安全防護領域に進入して作業を行う必要がないときは，当該安全防護領域の全周囲を固定ガード，可動ガード，光線式安全装置等身体の一部の進入を検知して機械を停止させる安全防護装置で囲むこと．
 (2) 安全防護領域に進入して作業を行う必要があり，かつ，危険源となる運動部分の動作を停止させることにより安全防護を行う場合は，次に定めるところにより行うこと．
  ア 安全防護領域の周囲のうち作業を行うために開口部とすることが必要な部分以外には，固定ガード等を設けること．
  イ 作業を行うための開口部については，可動ガード又は安全防護装置を設けること．
  ウ 労働者が作業を行うための開口部を通って安全防護領域内に全身を入れることが可能であるときは，当該安全防護領域内の労働者を検知する装置等を設けること．
 (3) ガードについては，次に定めるところによるものとすること．
  ア 危険を及ぼすおそれのある鋭利な端部，角，突起物等がないこと．
  イ 十分な強度を有し，かつ，容易に腐食，劣化等しない材料を使用すること．
  ウ 開閉の繰返し等に耐えられるようヒンジ部，スライド部等の可動部品及びそれらの取付部は，十分な強度を有すること．
  エ ヒンジ部，スライド部等の可動部品には，緩み止め又は脱落防止措置が施されていること．
  オ 機械に直接ガードを取り付けるときは，溶接等により機械と一体にされているか，又はボルト等で固定されることにより，工具を使用しなければ取外しできないようにされていること．
 (4) 固定ガードについては，次に定めるところによるものとすること．

ア　製品の通過等のための開口部は，最小限の大きさとすること．
　　　イ　開口部を通って労働者の身体の一部が最大動作領域に達するおそれがあるときは，当該開口部に当該労働者の身体の一部が最大動作領域に達することがない十分な長さを持つトンネルガード又は安全防護装置を設けること．
　(5)　可動ガードについては，次に定めるところによるものとすること．
　　　ア　可動ガードが完全に閉じていないときは，危険源となる運動部分を動作させることができないこと．
　　　イ　可動ガードを閉じたときに，危険源となる運動部分が自動的に動作を開始しないこと．
　　　ウ　ロック機構（危険源となる運動部分の動作中はガードが開かないように固定する機構をいう．以下同じ．）のない可動ガードは，当該可動ガードを開けたときに危険源となる運動部分が直ちに動作を停止すること．
　　　エ　ロック機構付きの可動ガードは，危険源となる運動部分が完全に動作を停止した後でなければガードを開けることができないこと．
　　　オ　危険源となる運動部分の動作を停止する操作が行われた後一定時間を経過しなければガードを開くことができない構造とした可動ガードにおいては，当該一定時間を当該運動部分の動作が停止するまでに要する時間より長く設定すること．
　　　カ　ロック機構等を容易に無効とすることができないものとすること．
　(6)　調節ガード（全体が調節できるか，又は調節可能な部分を組み込んだガードをいう．）は，調節により安全防護領域を覆うか，又は当該安全防護領域を可能な限り囲うことができ，かつ，特殊な工具等を使用することなく調節できるものとすること．
　(7)　安全防護装置については，次に定めるところによるものとすること．
　　　ア　使用の条件に応じた十分な強度及び耐久性を有すること．
　　　イ　信頼性の高いものとすること．

ウ　容易に無効とすることができないものとすること．
　　エ　取外すことなしに，機械の工具の交換，そうじ，給油及び調整等の作業が行えるよう設けること．
　(8)　安全防護装置の制御システムについては，次に定めるところによるものとすること．
　　ア　労働者の安全が確認されている場合に限り機械の運転が可能となるものであること．
　　イ　リスクに応じて，故障による危険状態の発生確率を抑制すること．

別表第3　追加の安全方策の方法

1　非常停止の機能を付加すること．
2　機械にはさまれる，若しくは巻き込まれること等により拘束された労働者の脱出又は救助のための措置を可能とすること．
3　機械の動力源からの動力供給を遮断するための措置及び機械に蓄積又は残留したエネルギーを除去するための措置を可能とすること．

別表第4　使用上の情報の内容

1　製造者の名称，住所，型式及び製造番号等の機械を特定するための情報
2　機械の意図する使用目的及び使用方法
3　機械の仕様に関する情報
4　機械のリスク等に関する情報
　(1)　機械の安全性に係る設計条件
　(2)　リスクアセスメントで特定した危険源及び危険状態（リスクが残存しているものに限る．）
　(3)　機械の危険源及び危険状態に対して行った設備上の安全方策（当該機械を使用するときの不適正な取扱い等によりリスクが生じるか，又は増加するものに限る．）
　(4)　製造等における残存リスクを低減するために必要な保護具，労働者に対

する教育訓練等の安全方策
5 機械を使用等するために必要な事項
 (1) 機械の構造に関する情報
 (2) 機械の運搬，保管，組立て，据付け及び試運転等に関する情報
 (3) 機械の運転に関する情報
 (4) 機械の保守等作業に関する情報
 (5) 機械の故障及び異常等に関する情報
 (6) 機械の使用の停止，撤去，分解及び廃棄等に関する情報
6 予見される故意の誤った使用についての警告

別表第 5　使用上の情報の提供の方法

1 標識，警告表示等の貼付は次に定めるところによるものとすること．
 (1) 機械の内部，側面，上部等の適切な場所に貼り付けられていること．
 (2) 機械の寿命を通じて明瞭に判読できるものとすること．
 (3) 容易にはく離しないものとすること．
 (4) 標識又は警告表示は，次に定めるところによるものとすること．
  ア 危険の種類及び内容が説明されていること．
  イ 内容が明確かつ直ちに理解できるものであること．
  ウ 禁止事項又は行うべき事項について指示を与えること．
  エ 再提供することが可能であること．
2 警報装置は，次に定めるところによるものとすること．
 (1) 聴覚信号又は視覚信号による警報が必要に応じ使用されていること．
 (2) 機械の内部，側面，上部等の適切な場所に設置されていること．
 (3) 機械の起動, 速度超過等重要な警告を発するために使用する警報装置は，次に定めるところによるものとすること．
  ア 危険事象が発生する前に発信すること．
  イ 曖昧さがないこと．
  ウ 確実に感知又は認識でき，かつ，他のすべての信号と識別できるこ

と．
- エ 感覚の慣れが生じにくい警告とすること．
- オ 信号を発する箇所は，点検が容易なものとすること．
3 取扱説明書等の文書の交付は，次に定めるところによるものとすること．
  - (1) 機械本体の納入時又はそれ以前の適切な時期に提供されること．
  - (2) 機械が廃棄されるときまで判読が可能な耐久性のあるものとすること．
  - (3) 再提供することが可能であること．
4 機械を使用する者に対し，必要に応じ，教育訓練を行うこと．

別表第6　安全方策に係る留意事項

1 加工物，工具，排出物等の落下，飛び出し等による危険のおそれのあるときは，ガードを設けること等の措置を講じること．
2 油，空気等の流体を使用する場合において，高圧の流体の噴出等による危険のおそれのあるときは，ホース等の損傷を受けるおそれのある部分にガードを設けること等の措置を講じること．
3 機械の高温又は低温の部分への接触等による危険のおそれのあるときは，当該高温又は低温の部分にガードを設けること等の措置を講じること．
4 使用する可燃性のガス，液体等による火災のおそれのあるときは，機械の過熱を防止すること等の措置を講じること．
5 使用する可燃性のガス，液体等による爆発のおそれのあるときは，爆発の可能性のある濃度となることを防止すること等の措置を講じること．
6 感電による危険のおそれのあるときは，充電部分にガードを設けること等の措置を講じること．
7 高所での作業等墜落等による危険のおそれのあるときは，作業床を設け，かつ，当該作業床の端に手すりを設けること等の措置を講じること．
8 移動時に転落等の危険のおそれのあるときは，安全な通路及び階段を設けること等の措置を講じること．
9 作業床における滑り，つまづき等による危険のおそれのあるときは，床面

を滑りにくいものとすること等の措置を講じること．
10 有害物質による健康障害を生ずるおそれのあるときは，有害物質の発散源を密閉すること，発散する有害物質を排気すること等当該有害物質へのばく露低減化の措置を講じること．
11 電離放射線，レーザー光線等（以下"放射線等"という．）による健康障害を生ずるおそれのあるときは，放射線等が発生する部分を遮へいし，外部に漏洩する放射線等の量を低減すること等の措置を講じること．
12 騒音又は振動による健康障害を生ずるおそれのあるときは，発生する騒音又は振動を低減するための措置を講じること．
13 機械の保守等作業における危険を防止するため，次に定める措置を講じること．
 (1) 保守等作業は，次に定める優先順位により行うことができること．
  ア 安全防護領域の外で保守等作業を行うことができるようにすること．
  イ 安全防護領域の中で保守等作業を行う必要があるときは，機械を停止させて保守等作業を行うことができるようにすること．
  ウ 機械を停止させて保守等作業を行うことができないときは，保守等作業におけるリスクの低減のために必要な措置を講じること．
 (2) 自動化された機械の部品又は構成品で，作業内容の変更に伴い交換しなければならないもの，摩耗又は劣化しやすいものその他の頻繁な交換が必要なものについては，容易かつ安全に交換が可能なものとすること．
 (3) 動力源の遮断については，次に定めるところによるものとすること．
  ア すべての動力源から遮断できること．
  イ 動力源からの遮断装置は，明確に識別できること．
  ウ 動力源の遮断装置の位置から作業を行う労働者が視認できないもの等必要な場合は，遮断装置は動力源を遮断した状態で施錠できるものとすること．
  エ 動力源の遮断後においても機械の回路中にエネルギーが蓄積又は残留するものにおいては，当該エネルギーを労働者に危険を及ぼすことな

く除去できるものとすること．
14 機械の運搬等における危険を防止するため，つり上げのためのフック等を設けること等の措置を講じること．
15 機械の転倒等による危険を防止するため，機械自体の運動エネルギー，外部からの力等を考慮し安定性を確保するための措置を講じること．
16 機械の運転開始時の危険を防止するため，運転開始前の確認は，次に定める優先順位により行うことができること．
 (1) 操作位置から，安全防護領域内に労働者がいないことを視認できること．
 (2) 機械の運転を開始しようとするときは，聴覚信号又は視覚信号による警報を発することができるものとすること．この場合において，操作者以外の労働者には，機械の動作開始を防ぐための措置を取り，又は危険箇所から退避する時間及び手段が与えられること．
17 誤操作による危険を防止するため，操作装置については，次に定める措置を講じること．
 (1) 操作部分等については，次に定めるものとすること．
   ア 起動，停止，運転制御モードの選択等が容易にできること．
   イ 明確な識別が可能で，誤認の可能性があるとき等必要な場合には適切な表示が付されていること．
   ウ 操作の方向が，それによる機械の運動部分の動作の方向と一致していること．
   エ 操作の量及び操作の抵抗力が，操作により実行される動作の量に対応していること．
   オ 機械の運動部分が動作することにより危険が生じるものである場合においては，意図的な操作によってのみ操作できるものとすること．
   カ 操作部分を動かしているときのみ動作する機能を有する操作装置については，操作部分から手を離すこと等により操作部分を動かすことをやめたときは，当該操作部分が自動的に中立位置に戻るものとするこ

と．
- キ キーボード等で行う操作のように操作部分と動作の間に一対一の対応がないものについては，実行される動作がディスプレイ等に明確に表示され，必要に応じ動作前に操作を解除できるものとすること．
- ク 作業において保護手袋等の保護具等の使用が必要なものについては，その使用による操作上の制約を考慮に入れたものとすること．
- ケ 非常停止装置等の操作部分は，操作の際に予想される負荷に耐える強度を有すること．
- コ 操作が適正に行われるために必要な表示装置が操作位置から明確に視認できる位置に設けられていること．
- サ 迅速かつ確実に操作できる位置に配置されていること．
- シ 安全防護領域内に設けることが必要な非常停止装置，ティーチング装置等の操作装置を除き，安全防護領域の外に設けられていること．

(2) 起動装置については，次に定めるところによるものとすること．
- ア 起動装置を意図的に操作したときに限り，機械の起動が可能であること．
- イ 複数の起動装置を有する機械で，複数の労働者が作業に従事したときにいずれかの起動装置の操作により他の労働者に危害を及ぼすおそれのあるものについては，一つの起動装置の操作により起動する部分を限定すること等当該危険を防止するための措置を講じること．

(3) 機械の運転制御モードについては，次に定めるところによるものとすること．
- ア 選択された運転制御モードは，非常停止を除くすべてのモードに優先すること．
- イ 安全水準の異なる複数の運転制御モードで使用されるものについては，個々の運転制御モードの位置で固定できるモード切り換え装置を備えていること．
- ウ ガードを取り外し，又は安全防護装置を解除して機械を運転するとき

に使用するモードには，次のような機能を有するものとすること．
- (ア) 手動による操作方法によってのみ，危険源となる運動部分を動作できること．
- (イ) 動作を連続して行う必要があるときは，危険源となる運動部分は，速度の低下，駆動力の低下，ステップバイステップ動作等でのみ動作できること．

(4) 通常の停止のための装置については，次に定めるところによるものとすること．
- ア 停止命令は，運転命令より優先されること．
- イ 複数の機械を組合せ，連動して運転するものにあっては，いずれかの機械を停止させたときに，運転を継続するとリスクの増加を生じるおそれのある他の機械も同時に停止する構造のものとすること．
- ウ 各操作部分に機械の一部又は全部を停止させるためのスイッチが設けられていること．

(5) 非常停止装置については，次に定めるところによるものとすること．
- ア 非常停止のためのスイッチが，明瞭に視認でき，かつ，直ちに操作可能な位置に必要な個数設けられていること．
- イ 操作されたときに，リスクの増加を生じることなく，かつ，可能な限り速やかに機械を停止できること．
- ウ 操作されたときに，必要に応じ，安全のための装置等を始動するか，又は始動を可能とすること．
- エ 非常停止装置の解除の操作が行われるまで停止命令を維持すること．
- オ 定められた解除操作が行われたときに限り，非常停止装置の解除が可能であること．
- カ 非常停止装置の解除操作をしたときに，それにより直ちに再起動することがないこと．

付録 4 ISO 14121 附属書 A で示される危険源,危険状態,危険事象の例

No.	危　険　源
危険源,	危険状態及び危険事象
1	機械的危険源 (1) 機械部品又は加工対象物が発生する例えば次の事項から起こるもの 　a) 形状 　b) 相対位置 　c) 質量及び安定性(重力の影響を受けて動く構成要素の位置エネルギー) 　d) 質量及び速度(制御又は無制御運動時の構成要素) 　e) 不適切な機械強度 (2) 例えば次の項目から起こる機械内部の蓄積エネルギー 　f) 弾力性構成要素 　g) 加圧下の液体及び気体 　h) 真空効果
1.1	押しつぶしの危険源
1.2	せん断の危険源
1.3	切傷又は切断の危険源
1.4	巻き込みの危険源
1.5	引き込み又は捕捉の危険源
1.6	衝撃の危険源
1.7	突き刺し又は突き通しの危険源
1.8	こすれ又は擦りむきの危険源
1.9	高圧流体の注入又は噴出の危険源
2	電気的危険源
2.1	充電部に人が接触(直接接触)
2.2	不具合状態下で充電部に人が接触(間接接触)
2.3	高電圧下の充電部に接近
2.4	静電気現象
2.5	熱放射,又は短絡若しくは過負荷などから起こる溶融物の放出や化学的

No.	危 険 源
	効果などその他の現象
3	**次の結果を招く熱的危険源**
3.1	極度の高温又は低温の物体若しくは材料に人が接触し得ることにより火炎又は爆発,及び熱源からの放射による火傷,熱傷及びその他の傷害
3.2	熱間又は冷間作業環境を原因とする健康障害
4	**次の結果を招く騒音から起こる危険源**
4.1	聴力喪失(聞こえない),その他の生理的不調(平衡感覚の喪失,意識の喪失など)
4.2	口頭伝達,音響信号,その他の障害
5	**振動から起こる危険源**
5.1	各種の神経及び血管障害を起こす手持ち機械の使用
5.2	特に劣悪な姿勢と組み合わされたときの全身振動
6	**放射から生ずる危険源**
6.1	低周波,無線周波放射,マイクロ波
6.2	赤外線,可視光線及び紫外線放射
6.3	X線及びγ線
6.4	α線,β線,電子又はイオンビーム,中性子
6.5	レーザ
7	**機械類によって処理又は使用される材料及び物質(並びにその構成要素)から起こる危険源**
7.1	有害な液体,気体,ミスト,煙,及び粉じん(塵)と接触又はそれらの吸入による危険源
7.2	火災又は爆発の危険源
7.3	生物(例えば,かび)又は微生物(ビールス又は細菌)危険源
8	**例えば次の項目から起こる危険源のように,機械類の設計時に人間工学原則の無視から起こる危険源**
8.1	不自然な姿勢又は過剰努力
8.2	手―腕 又は 足―脚についての不適切な解剖学的考察
8.3	保護具使用の無視
8.4	不適切な局部照明
8.5	精神的過負荷及び過小負荷,ストレス
8.6	ヒューマンエラー,人間挙動

No.	危　険　源
8.7	手動制御器の不適切な設計，配置又は識別
8.8	視覚表示装置の不適切な設計又は配置
9	**危険源の組合せ**
10	**次の事項から起こる予期しない始動，予期しない超過走行／超過速度（又は何らかの類似不調）**
10.1	制御システムの故障／混乱
10.2	エネルギー供給の中断後の回復
10.3	電気設備に対する外部影響
10.4	その他の外部影響（重力，風など）
10.5	ソフトウェアのエラー
10.6	オペレータによるエラー（人間の特性及び能力と機械類の不調和による，8.6 参照）
11	**機械を考えられる最良状態に停止させることが不可能**
12	**工具回転速度の変動**
13	**動力源の故障**
14	**制御回路の故障**
15	**留め具のエラー**
16	**運転中の破壊**
17	**落下又は噴出する物体又は流体**
18	**機械の安定性の欠如／転倒**
19	**人の滑り，つまずき及び落下（機械に関係するもの）**
移動性により付加される危険源，危険状態及び危険事象	
20	**走行機能に関連したもの**
20.1	エンジン始動時の移動
20.2	運転位置に運転者がいない状態の移動
20.3	すべての部品が安全位置にない状態の移動
20.4	歩行者による制御式機械類の過大速度
20.5	移動時の過大振動
20.6	減速，停止及び固定するための機械能力が不十分
21	**機械上の作業位置（運転台を含む）に関連したもの**
21.1	作業位置に入出時又は居る時の人の落下
21.2	作業位置における排気ガス／酸素不足

No.	危　険　源
21.3	火事（運転室の可燃性，消火手段の欠如）
21.4	作業位置における機械的危険源 a)　車輪に接触 b)　転倒 c)　物体の落下，物体が貫通 d)　高速回転部品の破壊 e)　機械部品又は用具と人との接触（歩行者用の制御式機械類）
21.5	作業位置からの不十分な視認性
21.6	不適切な照明
21.7	不適切な座席
21.8	作業位置における騒音
21.9	作業位置における振動
21.10	避難／非常口の不備
22	制御システムによるもの
22.1	手動操作器の不適切な配置
22.2	手動操作器及びその操作モードの不適切な設計
23	機械の取扱いから起こるもの（安定性の欠如）
24	動力源及び動力伝達装置によるもの
24.1	エンジン及びバッテリから起こる危険源
24.2	機械間の動力伝達から起こる危険源
24.3	連結及び牽引から起こる危険源
25	第三者から起こる又は第三者に及ぼす危険源
25.1	無許可の起動／使用
25.2	停止位置から移動する部分のずれ
25.3	視覚又は聴覚警告手段が欠如又は不適切
26	運転者／オペレータに対する指示が不十分
持ち上げにより付加される危険源，危険状態及び危険事象	
27	危険状態及び危険事象
27.1	次の事項から起こる荷の落下，衝突，機械の転倒
27.1.1	安定性の欠如
27.1.2	無制御状態の荷役―過負荷―転覆モーメントの超過
27.1.3	無制御状態での運動の振幅

No.	危 険 源
27.1.4	予期しない／意図しない荷の移動
27.1.5	不適切なつかみ装置／付属装置
27.1.6	1台以上の機械の衝突
27.2	人が負荷支持体に接近することから起こるもの
27.3	脱線から起こるもの
27.4	部品の不十分な機械的強度から起こるもの
27.5	プーリ，ドラムの不適切な設計から起こるもの
27.6	チェーン，ロープ，つり上げ装置及び付属品の不適切な選定並びに機械への不適切な組込みから起こるもの
27.7	摩擦ブレーキで制御した荷下しから起こるもの
27.8	組立／試験／使用／保守の異常状態から起こるもの
27.9	人にかかる負荷の影響から起こるもの（荷や釣り合い重りによる衝撃）
28	**電気的危険源**
28.1	照明から起こるもの
29	**人間工学原則の無視により発生する危険源**
29.1	運転席からの不十分な視認性
地下作業により付加される危険源，危険状態及び危険事象	
30	**下記事項による機械的危険源及び危険事象**
30.1	動力式屋根支柱の安定性欠如
30.2	レール上を走行する機械類の加速又は制動の故障
30.3	レール上を走行する機械類の非常制御の故障又は欠如
31	**人の移動の制限**
32	**火災及び爆発**
33	**粉塵，ガス，その他の放出**
34	**次の事項による機械的危険源及び危険事象**
34.1	不適切な機械的強度—不適切な運転係数
34.2	負荷制御の故障
34.3	人員を搬送する機械の制御装置の故障（機能，優先度）
34.4	人員を搬送する機械の超過速度
35	**人員を搬送する機械からの人の落下**
36	**人員を搬送する機械の落下又は転覆**
37	**ヒューマンエラー，人間挙動**

参 考 情 報

第2章　ISO/IEC Guide 51:1999 と 2014 の主な変更点

本書では 1999 年（第 2 版, 初版は 1990 年）を引用しているが, 1999 年以降改訂がなされ, 現在の最新版は 2014 年版（第 3 版）となっている.

ここでは, 1999 年版と 2014 年版の大きな変更点を次に示す.

この規格を使用する読者におかれては, 全体を通して原典の確認が必要となる.

(1)　全体を通して, "危害を受けやすい状態にある消費者"へ配慮されている.
(2)　用語の定義"本質的安全設計(inherently safe design)"が追加された.
(3)　用語の定義"危害を受けやすい状態にある消費者（vulnerable consumer)"が追加された.
(4)　用語の定義"安全（safety)"が変更された.
(5)　用語の定義"許容可能なリスク(tolerable risk)"に注記が追加された.
(6)　箇条 5 として"リスク要素"が追加された.
(7)　1999 年版の"図 1 リスクアセスメント及びリスク低減の反復プロセス"が改訂された（2014 年版では, 図 2).
(8)　1999 年版の"図 2 リスク低減"が"リスク低減—設計段階及び使用段階での両者の努力"に変更された（2014 年版では, 図 3).
(9)　6.3 として"リスク低減"が新たに細分箇条立てされた.
(10)　6.4 として, "妥当性確認"が追加された.

第3章　ISO 12100-1 及び ISO 12100-2 について

本書では, 標記の 2 規格を解説又は参照しているが, この 2 規格については 2003 年に発行されたものである. 2003 年以降, 改訂作業が行われ, 現在ではこの二つの規格は統合され, ISO 12100 として 2010 年に発行されている.

2010 年版の作成にあたっては，技術的内容を変更しないことを方針として作業を実施したため，各箇条の要求事項等については，大きな変更はない．しかしながら，細部において変更・修正を行っているため，読者におかれては，原典の確認が必要となる．

また，ISO 14121:1999 は改訂等を経て，ISO 12100 の 2010 年版に統合されている．

（2020 年 9 月）

《著者紹介》

監修・執筆
向殿　政男（むかいどの　まさお）
［略歴］
　1965 年　明治大学工学部電気工学科　卒業
　1967 年　明治大学大学院工学研究科電気工学専攻修士課程　修了
　1970 年　明治大学大学院工学研究科電気工学専攻博士課程　修了
　1970 年　明治大学工学部電気工学科　専任講師
　1973 年　明治大学工学部電気工学科　助教授
　1978 年　明治大学工学部電子通信工学科　教授
　2005 年　経済産業大臣表彰受賞（工業標準化功労者）
　2006 年　厚生労働大臣表彰受賞（功労賞）
［現在］
　明治大学理工学部情報科学科　教授
　明治大学理工学部　学部長
　明治大学大学院理工学研究科　委員長
　ISO/TC 199 国内審議委員会　委員（元主査）
　安全技術応用研究会　会長
　機械の包括的な安全基準に関する指針の改正のための検討委員会　委員長
　次世代ロボット安全性確保ガイドライン検討委員会　委員長　ほか
［主な著書］
　『よくわかるリスクアセスメント―事故未然防止の技術』（中央労働災害防止協会，2003）
　『安全とリスクのおはなし―安全の理念と技術の流れ』監修（日本規格協会，2006）

執筆
宮崎　浩一（みやざき　ひろかず）
［略歴］
　CEN/TC114/SG 委員
　ISO/TMB Guide 78 委員
　ISO/IEC ガイド 51 JIS 原案作成委員会　ほか
［現在］
　明治大学大学院理工学研究科博士後期修了［博士(学術)］
　ISO/TC 199 国内審議委員会幹事，人間特性基盤整備推進委員会委員
［主な講演］
　機械安全国際標準化―その組織，特徴，動向―（財団法人エンジニアリング振興協会，
　　2004）
　国際安全規格 ISO 12100 発行をめぐって（労働安全衛生コンサルタント会，2004）
［主な著書］
　『対訳 ISO12100-1 ／ 12100-2:2003 機械安全の国際規格』（財団法人日本規格協会，
　　2004）
　『JIS B 9700-1 および-2（機械類の安全性―設計のための基本概念，一般原則―第 1 部：
　　基本用語，方法論および第 2 部：技術原則）について』標準化ジャーナル（日本規格協会，
　　2005 年 1 月）ほか

安全の国際規格　第1巻
安全設計の基本概念
ISO/IEC Guide 51（JIS Z 8051），ISO 12100（JIS B 9700）

2007年 5 月 21 日　第 1 版第 1 刷発行
2022年 5 月 16 日　　　第 11 刷発行

監　　修　　向殿　政男
発 行 者　　朝日　　弘
発 行 所　　一般財団法人 日本規格協会
　　　　　　〒 108-0073　東京都港区三田 3 丁目 13-12　三田 MT ビル
　　　　　　https://www.jsa.or.jp/
　　　　　　振替　00160-2-195146
製　　作　　日本規格協会ソリューションズ株式会社
印 刷 所　　三美印刷株式会社
製作協力　　有限会社カイ編集舎

© Masao Mukaidono, et al., 2007　　　　Printed in Japan
ISBN978-4-542-40405-2

● 当会発行図書，海外規格のお求めは，下記をご利用ください．
　 JSA Webdesk（オンライン注文）：https://webdesk.jsa.or.jp/
　 電話：050-1742-6256　E-mail：csd@jsa.or.jp

図書のご案内

機械・設備のリスクアセスメント
－セーフティ・エンジニアがつなぐ，
メーカとユーザのリスク情報－

向殿政男 監修
日本機械工業連合会 編
川池 襄・宮崎浩一 著
A5判・310ページ
定価 3,740 円（本体 3,400 円＋税 10%）

機械・設備のリスク低減技術

－セーフティ・エンジニアの基礎知識－

向殿政男 監修
日本機械工業連合会 編
A5判・272ページ
定価 3,080 円（本体 2,800 円＋税 10%）

機能安全の基礎

佐藤吉信 著
A5判・366ページ
定価 4,950 円（本体 4,500 円＋税 10%）

目で見る機能安全

神余浩夫 著
A5判・206ページ
定価 2,200 円（本体 2,000 円＋税 10%）

安全四学
安全・安心・ウェルビーイングな社会
の実現に向けて

向殿政男・北條理恵子・清水尚憲 著
A5判・264ページ
定価 2,420 円（本体 2,200 円＋税 10%）

おはなし科学・技術シリーズ
安全とリスクのおはなし
－安全の理念と技術の流れ－

向殿政男 監修／中嶋洋介 著
B6判・182ページ
定価 1,540 円（本体 1,400 円＋税 10%）

新版
電気・電子・機械系実務者のための
CE マーキング対応ガイド

梶屋俊幸・渡邊 潮 共著
A5判・148ページ
定価 2,420 円（本体 2,200 円＋税 10%）

対訳 ISO 31000:2018
（JIS Q 31000:2019）
リスクマネジメントの国際規格
[ポケット版]

日本規格協会 編
新書判・104ページ
定価 5,500 円（本体 5,000 円＋税 10%）

日本規格協会　https://webdesk.jsa.or.jp/